ERSPECTIVE
CILINDRIQVE ET
ONIQVE.
OU

RAICTE' DE APPARENCES

*veuës par le moyen es miroirs Cilindriques
& Côniques soient Conuexes ou Conoaues:
Ensemble la construction & position des
figures obiectées au mesmes miroirs, afin
que leurs apparences soient conformes à la
volonté.*

ar I. L. St de VAVLEZARD Mathematic.

V 2218

Chez IVLIAN IACQVIN, en la Court du Palais
au as des degrez de la Saincte Chappelle.

A MONSIEVR
DE REFFVGE
CONSEILLER DV ROY
EN SA COVRT DE
Parlement.

MONSIEVR,

Considerant que les choses
qui sont exposées en public,
& ignorées du vulgaire, ont besoin d'vn pro-
tecteur qui les cognoissent, afin de les deffen-
dre & leur seruir d'vn azile asseuré; l'ay osé
entreprendre de vous offrir ce petit traicté
du miroir Cilindrique & Conique, comme
à celuy duquel toutes les parties des sciences
Mathematiques sont parfaictement con-
nuës, & qui sçaura le preseruer du venin de

l'enuie: L'œuure eſt petit pour vous eſtre preſenté, mais le ſubiet aſſez grand pour meriter d'eſtre aduoüé de vous, ſi vne plus ſçauante plume que la mienne en auoit tracé les demonſtrations. Ie ne m'areſteray à en raconter l'excellence & les proprietez, à vous (MONSIEVR) qui en auez vne parfaiⅭte cognoiſſance; afin de n'eſtre eſtimé vouloir donner de la lumiere au Soleil, où porter de l'eau en l'Ocean d'vne parfaiⅭte Encyclopedie que vous poſſedez. Receuez donc MONSIEVR, ce preſent tel qu'il eſt, comme de celuy duquel les ſouhaits ne tendent à autre but qu'à eſtre eſtimé,

MONSIEVR

Voſtre tres-humble & affectionné ſeruiteur
I. L. DE VAVLEZARD.

ADVERTISSEMENT
AV LECTEVR.

C E S iours paſſez ayant eſté prié par aucuns de mes Eſcoliers de leurs faire quelques leçons du miroir Cilindrique & Conique, meſme de la conſtruction des figures, leſquelles obie⳦tées ou preſentées au meſmes miroirs, raportent vne image autre que celle qui eſtoit dans la figure : I'aurois non ſeulement ſatisfaict à leur priere, mais en meſme temps i'en dreſſay ce petit traicté, lequel aucuns de mes amis m'ont conſeillé de mettre en lumiere, me perſuadant qu'il ne pourroit eſtre qu'agreable au public, d'autant qu'aucun Autheur n'en auoit iuſques à preſent eſcrit, meſme que beaucoup qui ſont mediocrement verſez és Mathematiques, qui en ont cy-deuant veu les effects en public n'en receuroient qu'auec plaiſir les cauſes; ceſt pourquoy vaincu de ces raiſons ie me reſolus de le faire imprimer, le diuiſant en ceſte ſorte. Premierement vous y

trouuerez les deffinitions du Cilindre & du
Cône tirées d'Euclide, quelques maximes &
axiomes d'Optique & Catoptrique tirées de
diuers Autheurs. Secondement i'ay diuisé le
traicté en deux, l'vn du miroir Cilindrique,
l'autre du Cônique : La premiere partie est
subdiuisée en deux, en theoremes montrans
les affections du miroir Cilindrique au respect
des obiects, & en problemes pour la construction des figures obiectées au mesme miroir
Cilindriq; La deuxiesme est subdiuisée pour
le miroir Cônique ainsi qu'au Cilindrique,
voila ce que contient cet œuure. Au reste
vous serez aduertis qu'a cause qu'en la description des figures pour ces miroirs, on se
sert de beaucoup de lignes, i'ay appellé celles
qui sont semblables à d'autres leurs homogenes; Voila sommairement ce que i'ay faict en
ce traicté : Receuez-le en gré, & corigez les
fautes sans passion, Adieu.

PERSPECTIVE

CILINDRIQ; ET CONIQVE,

CONCAVE ET CONVEXE.

DEFINITIONS.

I.

MIROIR eſt tout corps, duquel la ſuperficie eſt continuëment polie, ſans
diuiſion ou pores ſenſibles.

2.

Tous miroirs ſont reguliers ou irreguliers,
les reguliers ſont les plains, ſpheriqs, cilind-
driqs, coniqs, eliptiqs, hyperboliqs, parabo-
liqs &c. ſoient concaues, ſoient conuexes; les
irreguliers ſont infinis.

La regularité des miroirs vient de ce que leurs ſu-
perficies ſôt eſtimées deſcrites par des lignes, deſquel
les les parties ſont de meſme genre que le tout, côme
ſont les lignes droites, circulaires, eliptiques, &c. de
ces miroirs ceux qui sôt le plus en vſage, ſôt les plats,
ſpherics, cilindrics, & coniqs: des autres il s'en voit
rarement pour la difficulté de leur fabrique & poliſ-
ſure.

A

Le miroir Cilindric, est celuy duquel la sur-
face est semblable à celle d'vn Cilindre.

4

Le Cilindre, est vn corps solide faict par vn
paralellogramme rectangle, lors qu'vn de ces
costez estant immobile, ce paralellogramme
fait vn tour à l'entour d'iceluy.

5.

Et ce costé immobile, est appellé axe du cilindre.   6.

La base du Cilindre, est vn cercle d'escrit
par l'autre costé du paralellogramme, lequel
auec l'immobile faict l'angle droict.

7.

Costé du Cilindre, est toute ligne en la superficie du Cilindre parallele à l'axe.

8.

Miroir Coniq, est celuy duquel la superficie est semblable à celle du Cône.

9.

Cône est vn solide faict par vn triangle rectangle, lors qu'vn des costez d'alentour l'angle droit demeurant immobile, le triangle
faict vn tour à l'entour d'iceluy.

10.

Et ce costé immobile, est appellé axe.

XI.

Et le cercle descrit par l'autre costé de l'angle droit, en tournant à l'entour de l'immobile, est la base du Cône.

12.

Le costé du Cône est vne ligne droite en la superficie d'iceluy, tirée du sommet à la base.

Le Cilindre & Cône cy dessus definis, sont le Cône & Cilindre appellez droicts, desquels seuls nous entendons parler en tout ce traicté.

13.

En quelque miroir que ce soit, la ligne d'incidence, est celle qui est tirée de l'obiect sur la superficie du miroir, à la rēcontre de laquelle elle reflechit.   14.

Et ligne de reflexion, celle qui est faicte par la reflexion de la ligne d'incidence, iusques à l'œil.   15.

Le point en la superficie du miroir, auquel ces deux especes de lignes ce rencontrent, ou pour mieux dire d'où celle d'incidence commence à reflechir, est dit poinct d'incidence.

16.

Et ce point, est aussi dit de reflexion, à cause qu'elle est commencée en iceluy.

17.

Les lignes droites, lesquelles paressent en la superficie du miroir Cilindric, au long des costés d'iceluy; sont appellées montantes, ou costés d'iceluy.

Et celles qui font veuës coupant icelles, trauerfantes ; foit qu'elles pareffent lignes droites, Circulaires, ou autrement.

19.

Au miroir Coniq, l'œil eftant l'axe, les lignes droites qui pareffent fur les coftés d'iceluy, font appellées diametrales; à caufe qu'elles reprefentent les raions ou femidiamette de la bafe.

20.

Et les cercles qui paroiffent fur la mefme fuperficie du miroir côniq, font dits les paralelz au cercle de la bafe.

Auparauant que de venir à deduire les affections tant du miroir Cilindrique, que du Conique, comme auffi des apparences qui fe voient en iceux, au refpect des objects qui vous font prefentez, & de la difpofition de l'œil du regardant; enfemble de la conftruction des figures conuenables pour les mefmes miroirs, afin qu'ils rendent des apparences agreables, ou autrement telles qu'on le defirera : Il m'a femblé eftre à propos de mettre en auant quelques axiomes d'optique & catoptrique, pour faciliter les demonftrations, que nous expoferons des affections & proprietez, qui feront tels.

A X I O M E S.

I.

EN tout miroir, les lignes de reflexion & d'incidence, font deux angles egaux, fur

le plan touchant la superﬁcie du miroir, au
mesme poinct que celuy d'incidence & reﬂexion, ou qui est le mesme auec la ligne tirée perpendiculaire sur le mesme plan & au
mesme point d'incidence.

2.

Les lignes d'incidence & reﬂexion, sont en
vn mesme plan, lequel est perpendiculaire à
celuy qui touche le miroir, au point de l'incidence.

3.

Le miroir Cilindrique, participe du miroir
plan, & du Spherique, du plan aux choses qui
paressent sur les costés d'iceluy, qui sont veuës
de mesme grandeur qu'elles seroient en vn
plan : du spherique conuexe par les transuersales, en reserrant & étresissant l'obiect au cilindre conuexe ; & au concaue ainsi qu'au
spherique concaue, qui dilate ou reserre les
apparences selon la variation de l'object.

4.

Le miroir conique conuexe est de semblab-
ble nature que le cilindre, excepté qu'il reserre
ou assemble inegalement l'espece, à cause
de l'inegalité des cercles parallelz à sa base.

5.

En tout miroir l'espece en la superﬁcie d'i-
celuy est semblable à vn object, lequel estant

defcrit en quelque fuperficie feroit terminé
par les rayons de reflexion prolongez iufques à cefte fuperficie.

6.

Toutes les lignes qui font en vn mefme
plan font veuës droites; finon qu'eftant diftin-
guée par parties , celles qui font aux extremités fuffent plus petites que celles du milieu:
car alors elles paroiftront courbes.

7.

Les lignes qui eftant au deffous de l'œil paroiffent auoir le milieu plus éleué que leurs
extremités font eftimés concaues: Et celles
qui font au contraire conuexes : celles qui
font au deffus ont vne raifon differente. Sçauoir la concaue a fon milieu deprimé, & la
conuexe éleué, l'apparence fera plus parfaite
fi elle eft aidée de la diuifion des mefmes lignes ainfi que deffus.

8.

Tout ce que l'œil perçoit ie le raporte à
à l'intellect, comme s'il eftoit le plus parfait
des chofes que l'object reprefente, bien qu'il y
aye du deffaut, lequel eft feulement referé à
la fcituation & difpofition de l'object, & non
pas à l'object mefme.

Cecy fera rendu clair par vne exemple qui eft tel:
Si vn tableau bien fait & proportionné eftoit tourné

en forme de cilindre estant objecté à l'œil, iceluy le perceuroit comme vn tableau imparfait, à cause du resserement de ses parties; mais ceste imperfection sera attribuée à sa situation & forme de la superficie du tableau que la partie deliberatiue de l'intellect iugera estre cilindrique. Le mesme seroit du tableau qui obserueroit les mesmes proportions que s'il estoit sur vn cilindre: ce qui est dit du cilindre doit estre entendu en tout autre figure.

THEOREME I.

SI vn plan touche vn Cilindre, le commun attouchement sera vne ligne droite; laquelle sera vn des costés du cilindre.

Theoreme 2.

Si deux plans s'entrecoupent mutuellement, & que de quelque points de leur commune section, on tire deux lignes droites, l'vne en vn des plans, & l'autre en l'autre; l'angle compris d'icelles sera égal à l'angle compris de deux autres, qui seront semblablement menées, c'est à dire paralleles chacune à la sienne.

Theoreme 3.

Si vn miroir cilindriq est posé sur vn plan parallel à sa base, estant opposé à l'œil, l'apparence ou bien le point d'incidence de quelqu'vn des points qui sont au mesme plan, est constitué sur l'vn des costés du Cilindre; c'est à sçauoir en celui-là lequel se termine en la base, en ce point où les deux lignes, l'vne tirée

du point pofé pour objeƈt, l'autre du point
où tombe la perpendiculaire fur le plan font
deux angles egaux, fur la ligne touchante le
cercle de la bafe en ce mefme point.

Soit le miroir cilindrique G F E Z C, duquel la bafe foit jointe au plan α β γ ɗ, le point de la pofition
de l'œil A, duquel au plan tombe la perpendiculaire
A B, au point B. Et qu'au mefme plan on prenne
quelcõque point comme X, ou T ; Ie dis que le point
d'incidence mené du point T, tombe au cofté du
cilindre F G, mené par le point F, auquel les lignes
T F, B F, fe rencontrant font des angles egaux fur la
ligne V F, touchante la circonference du cercle de la
bafe au mefme point F.

Car en premier lieu le point pris au plan α β γ ɗ,
fera dans le femi-diametre paffant par le point
B, ou non ; foit premierement qu'il y paffe comme
par le point X. Donc pour autant que X E, B E, font
en vne mefme ligne droite, & dans vn des femidiametres de la bafe du cilindre prolongé, la ligne droite touchante la mefme bafe, au point E, fera coupée à
angles droits de chacune des lignes X E, B E, & le
plan paffant par icelle touchant le cilindre, aura pour
commun attouchement le cofté E C, lequel eft au
mefme plan que les lignes B X E, A B, à caufe que
E C, eft parallele à A B ; partant fi on mene les lignes
X C, C A, faifant auec le cofté E C les angles A A C A,
E C X, egaux le point C, fera celuy de l'incidence
de X. par le premier, & 2. Axiomes precedens : mais
le cofté E C, eft tiré au point où les deux lignes X E,
B E, fe rencontrent, faifant angles egaux auec la ligne
touchan-

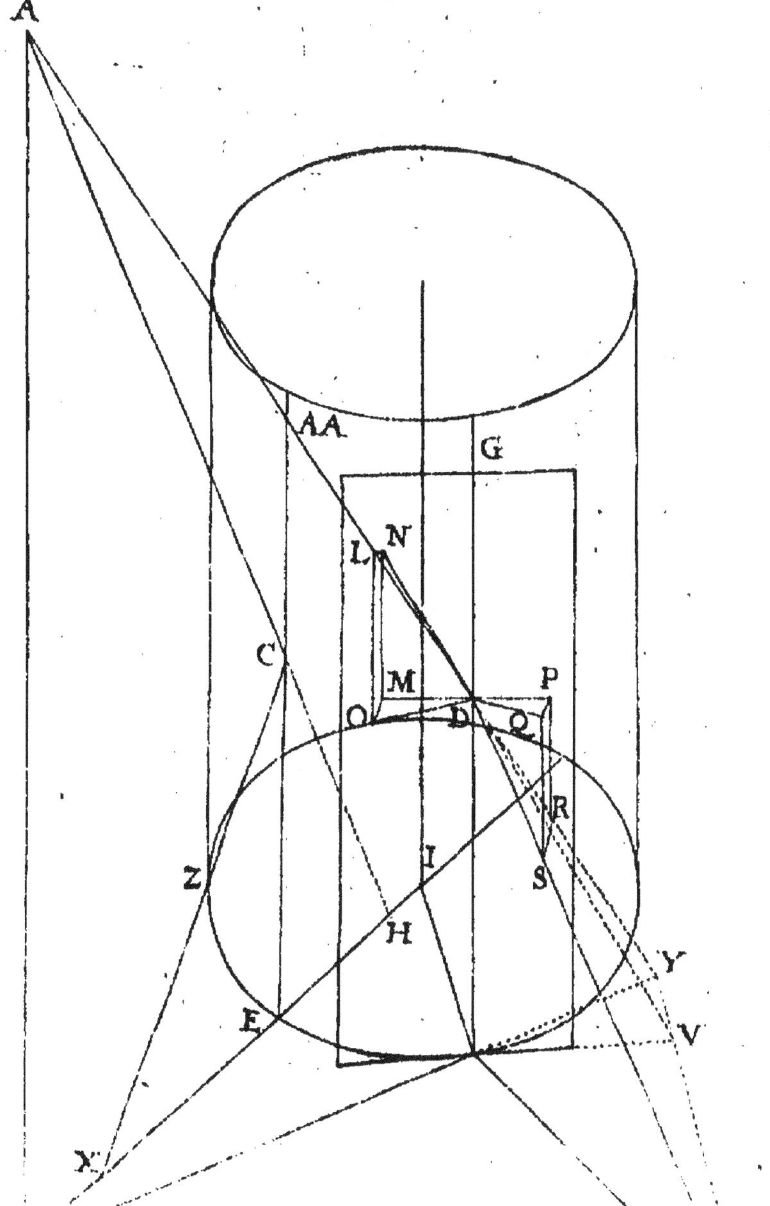
A
AA
G
N
L
C
M
P
O
D
Q
R
Z
I
S
H
Y
E
V
X

touchante le cercle de la bafe au mefme point de leur
rencontre : donc, &c.

Maintenant, que le point prins au plan $\alpha\beta\gamma\delta$, ne
foit en mefme diametre auec le point B, comme le
point T, les mefmes chofes s'enfuiuront; car puifque
T F, B F, font deux angles egaux fur V F, touchante
la bafe du cilindre au point F, le plan F V G, paffant
par la mefme ligne, & touchant le cilindre aura pour
commune fection le cofté F G, paffant par le point F;
Et fi par les points T, & A, paffe vn plan coupant le
plan V F G, à angles droits, & la ligne droite F G, au
point D, le point d'incidence fera le mefme point D,
par le premier & 2. Axiome precedent, à caufe que
les angles faits des lignes T D, A D, communes fe-
ctions de ce mefme plan auec D F B A, F T D ; fçauoir
celuy d'incidence fait par T D, à celuy de reflexion
fait par A D. ce que nous prouuerons ainfi : les lignes
D F, A B, font en vn mefme plan, comme eftant paralleles ; pareillement le triangle D T F. Item les lignes B F, T F, perpendiculaires au cofté D F ; donc fi
du point D, on mene deux lignes, l'vne D O au plan
D F B A, parallele à F B, & D Q, au plan F T D, parallele à F T, & egale à D O. Et que des points O,
& Q, on abaiffe fur le plan V F G, les perpendiculaires O M, Q P. Item O L, Q S, paralleles à F D, c'eft
à dire chacune au mefme plan qu'eft celle à l'extremité de laquelle elle eft tirée ; puis des points L, & S,
les perpendiculaires L N, S R, au plan touchant le
cilindre. Finalement menées D N, D M, M N, D P,
D R, P R, lors il fe fera fix triangles, deux defquels
D O M, D Q P, ont les coftez D O, D Q, egaux, & les
angles O M D, M D O, egaux aux angles Q P D,
P D O; partant les coftez D M, D P, auffi egaux.

En apres aux triangles D M N, D P R, les angles
M N, & D P R font droits, N D M, & R D P,
aux, pour eftre N D R, la commune fection du
an touchant auec celuy qui paffe par les points A
T; & le cofté D M, egal au cofté P D, par confe-
uent N D, egal à D R : Finalement aux triangles
ctangles L D N, S D R, les deux coftez D N, L N,
nt egaux aux deux coftez D R, R S; (car R S eft
ale à Q P, & L N, à M O, à caufe des paralleles)
s angles D N L, D R S, font droits; & partant l'an-
e S D R egal à l'angle L D N, ce qu'il falloit de-
onftrer.

COROLLAIRE.

De cecy eft euident que l'apparence d'vne ligne
mblable à E X, ou T F, eft faite fur l'vn des coftez
miroir cilindrique, comme E C, ou F D.

Theoreme 4.

Les mefmes chofes que deffus eftant po-
es, quelque point d'incidence que ce foit
1 la fuperficie du miroir cilindricq, vient
n point au plan joint à la bafe du mefme ci-
dre, autant diftant du point où le cofté au-
lel fe fait cette incidence coupe la bafe,
mme le mefme point en la bafe eft diftant
la rencontre de la ligne de reflexion auec
lle qui eft menée du point auquel tombe la
rpendiculaire tirée du point de l'œil fur la
fe, par le mefme point ou le cofté auquel
mbe l'incidence coupe la bafe. La diftance
l'objeĉt eftant prife fur la ligne tirée au

mefme plan, laquelle a pour apparence le
mefme cofté du cilindre.

Ce Theoreme fera demonftré en deux cas comme
le precedent, concedant les mefmes preparations.
Au premier cas : ie dis que fi X, duquel l'incidence
eft en C, eft en vne mefme ligne auec le centre de la
bafe & le point B, fait par la perpendiculaire tirée du
point de l'œil A, fur la bafe, le point X, fera autant diftant du point E, auquel le cofté C E, coupe la bafe du
cilindre, comme le point H, où fe fait la rencontre de
la ligne de reflexion A C, auec la ligne menée du
point B, par E, eft du mefme point E.

Ce qui eft eft euident, d'autant que l'angle A A C A,
eftant egal à l'angle E C X, aufli l'angle E C X, fera
egal à H C E ; & partant aux triangles H C E, X C E,
deux angles H C E, H E C, font egaux aux 2. E C X,
X E C, le cofté C E, commun; partant H E, fera egale
à E X.

Si maintenant le point T, n'eft en vne mefme
ligne droite auec le point B, & le centre du cilindre I. La mefme chofe ne laiffera d'eftre veritable
ble; fçauoir que la diftance F T, prinfe fur la ligne
F T, de laquelle l'apparence tombe au cofté F D, eft
egale à F Y, comprife entre le point F, & le point Y,
où fe rencontre la ligne de reflexion A D, prolongée,
auec la ligne β F, aufli prolongée.

Car le plan paffant par les deux lignes A D, D T,
eftant perpendiculaire au plan V F G, & leur commune fection D V, la ligne T V Y, fera au mefme plan,
& l'angle V D Y, eftant egal à celuy de reflexion L D
N, il fera aufli egal à celuy d'incidence T D V, les
deux angles au point V font droits, & le cofté D V eft

commun aux deux triangles T V D , Y V D , partant
les lignes T V , V Y , feront egales : or aux triangles
T V F , Y V F , les deux coſtez TV , VY , ſont egaux, le
coſté V F , commun , & les angles au point V , droits,
par conſequent les lignes Y F , & T F , ſont egales.
Donc, &c. ce qu'il falloit demontrer.

COROLLAIRE.

De là s'enſuit que B Y , eſt à F Y , comme AB, eleuation de l'œil à E G, eleuation du point de l'incidence,
ſur le plan de la baſe du Cilindre.

SCHOLIE.

On doit noter que les deux Theoremes precedens, ont lieu encore que le plan ne ſoit joint auec la
baſe du Cilindre, pourueu qui luy ſoit parallel, con-
ceuant le cilindre eſtre continué, iuſques à ce plan
faiſant vn cercle en iceluy egal & parallel à ſa baſe :
car cela eſtant poſé la demonſtration n'eſt point
differente , ce cercle eſtant ſuppoſé la baſe du
cilindre.

On notera auſſi, que les demonſtrations des deux
Theoremes precedens peuuent eſtre accommodez au
cilindre concaue ſans changer aucune choſe , à cauſe
qu'en iceluy, comme au conuexe, les lignes de reflexion & d'incidence ont meſmes conditions : c'eſt
pourquoy nous obmetrons les demonſtrations du cilindre concaue, les eſtimant ſuperfluës.

PROBLEME I.

Eſtant donné vn miroir cilindrique conuexe, & vn plan auquel ſoit vn cercle
egal à celuy de la baſe du cilindre , traſſer en
ce plan vne ligne droite, de laquelle l'eſpece

soit veuë sur l'vn des costez du cilindre, coupant le cercle donné en vn point proposé ;
la distance du centre de ce cercle au point où
tombe la perpendiculaire du point de l'œil
sur ce plan estant aussi donnée.

Soit en la figure suiuante le cercle A B C, egal à
celuy de la base du cilindre proposé, & le point T,
celuy auquel tombe la perpendiculaire du point de
l'œil, sur le mesme plan ; Et il faut descrire en ce plan
vne ligne, de laquelle l'apparence tombe sur le costé
du miroir cilindrique, lequel sera esleué du point F,
au cercle semblable & parallel à la base du miroir.

Du point T, soit menée la ligne droite T F, prolongée iusques à la circoference concaue du cercle,
coupant icelle au point N ; puis du point F, comme
centre & interualle F N, soit descrit l'arc de cercle
N O, coupant la circonference du cercle de la base au
point O, duquel par le point F, tirant O F R, icelle
F R, sera la ligne requise.

Car si on tire la ligne α β, touchant le cercle A
B C, au point F, l'angle O F β, sera egal à l'angle O
N F, & l'angle N F α, à l'angle N O F : mais les angles F N O, F O N, sont egaux, comme estant les
lignes F N, F O, egales ; partant les angles N F α,
O F β, seront egaux, comme aussi leurs opposez au
sommet R F β, R F α, & par le Coroll. du 3. Theo. precedent, la ligne R F, dônera son apparence sur le costé
du miroir cilindrique, lequel sera eleué du point F, ce
qu'il falloit demontrer.

SCHOLIE.

Les mesmes constructions seruiront au miroir cilindrique concaue, il y a neãtmoins cette difference :

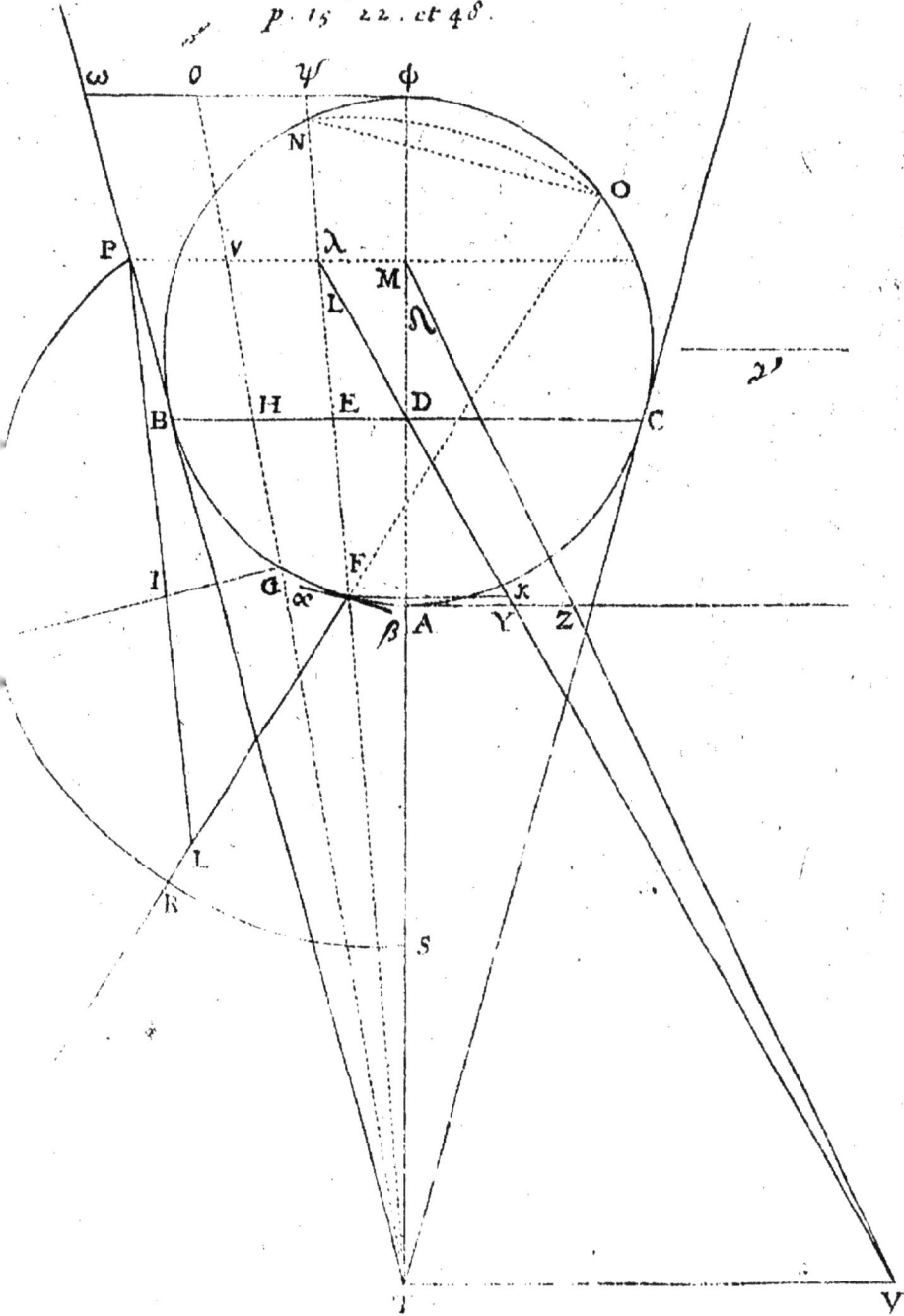

p. 15. 22. et 48.

c'eſt que le point N, eſtât celuy duquel doit eſtre eleué le coſté ſur lequel doit tôber l'aparence de la ligne
requiſe, faut d'iceluy côme centre d'eſcrire ainſi qu'il
a eſté fait du point F, vn arc de cercle, de l'interuale
N F, coupant la circonference du cercle de la baſe en
vn point, duquel menant au point N, vne ligne droite, elle ſera là requiſe.

Pour mener telles lignes que la propoſee en ce
Probleme, il ſe peut voir comme il n'eſt requis que
la diſtance du point où tombe la perpendiculaire, du
point de l'œil, puis que le tout depend du plan de la
baſe du cilindre. Ceux qui les premiers ont cômencé
à faire des figures pour oppoſer au miroir cilindrique
tiroient ces lignes par le centre, c'eſt en quoy leur
erreur eſtoit grand : car ces lignes s'inclinoient l'vne
à l'autre vers la partie ſuperieure du cilindre, faiſant
des lignes courbes, ce qui rendoit l'image difforme.

Probleme 2.

Eſtant donné vn miroir cilindrique conuexe, vn plan aiant vn cercle egal à la baſe d'i-
celuy, auquel cercle doit eſtre jointe la meſme baſe : pareillement la diſtance & la hauteur de l'œil tracer vn point en ce plan duquel l'apparence ſoit en vn des coſtez du miroir cilindrique , & a vn point preſcrit en
iceluy.

Soit au plan propoſé le cercle A B C, egal à celuy
de la baſe du cilindre, la diſtance de l'œil priſe du cê-
tre du cercle A, ſur le meſme plan T A, la hauteur ſup-
poſee d'iceluy T V, eleuée perpendiculairement ſur
T A. Et il faut en ce meſme plan marquer vn point
duquel

duquel l'apparence soit dans le costé du miroir qui fera eleué du point F, à la hauteur de la ligne γ.

Du point F, par le Probleme precedent soit menée F R, de laquelle l'apparence tombe sur le costé du miroir cilindrique eleué du mesme point F. En apres soit faite la ligne F χ, parallele à T V, c'est à dire perpendiculaire à T ♌, (ce qui sera facile à faire en prenant de part & d'autre d' A, deux arcz egaux, l'vn A F, & l'autre son egal, & par ces points menant la ligne F χ,) laquelle soit egale à γ; puis tirant la ligne droite V χ λ, coupant la ligne T F λ, au point λ, si on fait F R, egale à F λ, le point requis sera le point R.

Car en premier lieu l'apparence ou l'incidence de la ligne F R, tombera au costé du cilindre eleué du point F, & tous les points qui parestront au mesme costé viendront d'autres points posez en la mesme ligne estant continuée si besoin estoit: Donc le point qui donnera son apparence sur ce mesme costé de la hauteur de la ligne γ, y sera; or pour-autant que F χ, est parallele à T V : T V, hauteur de l'œil sera à F χ, hauteur de l'apparence requise sur le costé du cilindre, comme T λ, à F λ, & par le Corollaire du 4. Theor. F λ, sera la distance de l'object au point F, estant prise sur la ligne F R : mais F R, est egale à F λ; donc R, est le point demandé.

SCHOLIE.

Le point R sera trouué en la mesme façon au miroir cilindriq; concaue qu'au conuexe en menãt par le point N, vne ligne comme F χ, obseruant le reste tout ainsi que dessus, & portant la ligne qui sera semblable à F λ, sur celle qui sera tirée de N, & de laquelle l'incidence tombe sur le costé eleué du mesme point.

C

Probleme 3.

Eſtant donné vn miroir cilindrique conuexe, vn plan ſur lequel ſoit deſcrit vn cercle,
egal à la baſe du meſme miroir, & ſur lequel il
doit eſtre poſé, la diſtance & hauteur de l'œil
au reſpect du miroir, & du plan donné. Item
eſtant donnée vne figure telle qu'on voudra, traſſee & deſcrite en vne ſuperficie pla-
ne; deſcrire ſur le plan propoſé vn autre figure, laquelle apparéſſe dans le cilindre telle que
la propoſee, lors que la baſe du cilindre ſera
jointe au cercle du plan, & l'œil poſé en ſa
diſtance requiſe.

Cette apparence de l'image telle que la figure requiſe, s'entend qu'elle paréſſe platte; c'eſt à dire ainſi
que ſi elle eſtoit deſcrite en vn des plans qui coupe le
cilindre parallelement à ſon axe, & ſur lequel tombe
perpendiculairement, la ligne tirée du point au plan
où tombe la perpendiculaire de l'œil, au centre de la
baſe du miroir. Pour ſatisfaire à ce qui eſt demandé,
il faut donc conceuoir que la figure ou pourtrait propoſé, ſoit deſcrit dans l'vn des plans coupans le cilindre; puis chercher les points ou les rayons viſuelz,
qui compoſent la piramide ſoubs laquelle ſeroit veu
cet object ainſi deſcrit, couperoient la ſuperficie du
miroir, (ſi tant eſtoit qu'ils peuſſent la penetrer) &
des points où chacun d'iceux la coupe, comme de
celuy d'incidence, trouuer & deſcrire au plan propoſé par le premier & 2. Probleme precedent, le point
qui peut cauſer icelle incidence, & ainſi ſucceſſiue-

ment,en conjoignant les points qui se raportent &
font des lignes en l'object, iusques à ce que l'on aye
trouué tous les objects des incidences données par les
interfections des rayons visuels auec la superficie du
miroir. Et cela fait cette figure descrite par ces diuers
points au plan proposé pareftra sur le cilindre, estant
posé en sa scituation, & l'œil en sa distance & hauteur
requise, telle qu'il est proposé à faire.

Car l'image en la superficie du miroir, qui sera faite
ou veuë par le moien des incidences de ces points, &
lignes tracées au plan proposé, sera semblable à celle qui sera conceuë descrite en vn des plans coupant
le cilindre, ainsi qu'il a esté dit; d'autant que les rayós
visuelz, lesquels composent les piramides soubs laquelle elle est veuë, passent par les mesmes incidences; & partant par le 5. Axiome precedent l'object
conceu ainsi descrit en vn plan coupant le cilindre,
& l'apparence au miroir estant veu soubs vne semblable piramide visuelle, pareftront semblables &
egaux.

Mais pour autant que la solution de ce Probleme
seroit difficile & ennuieuse de la sorte, faut auoir re-
cours à la methode vsitée par les peintres, lors qu'ils
reduisent leurs pourtraits; sçauoir le grand en petit,
ou bien qu'ils mettent le petit en grand, c'est que la
figure proposée estant quarrée ou quarrée longue
(comme elle le doit estre, ou y estre reduite) doit
estre diuisée en sa largeur en parties egales, telles en
nombres que l'on voudra, le plus de parties est le
meilleur; à cause que la practique en est plus exacte,
comme en la figure presente la largeur sera diuisée en
6. parties egales : En apres des points des diuisions,
comme E, F, G, H, I, faut tirer des lignes paralleles à

Trauersalles

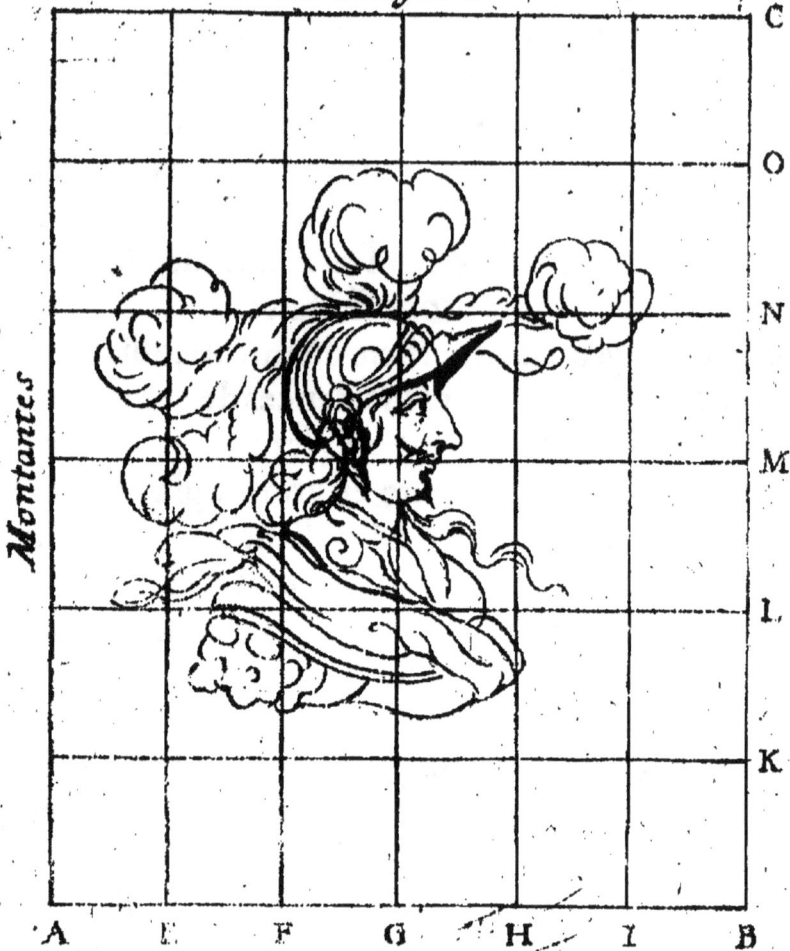

B C, ou A D lesquelles seront appellées montantes;
à cause qu'elles paroissent ainsi que les costés du miroir cilindrique. Pareillement la hauteur D A, ou
C B, sera diuisée en tant de parties egales qu'il viendra à plaisir, comme en K, L, M, N, O, tirant aussi
des lignes par les points de chacune diuision, paralleles à BA, ou CD, lesquelles seront dites transuersales, pour autant qu'elles coupét le cilindre en trauers,
& toutes ces lignes diuiseront la figure en plusieurs
quarrés egaux. En apres il faut trouuer en la superficie du cilindre les lignes faites par les intersections de

rayons ou fuperficies de piramides vifuelles , foubs lefquels font veus, lefdits quarrez auec la fuperficie du miroir : afin qu'eftant tracées des lignes au plan propofé, defquelles les incidences font ces mefmes interfections, on defcriue dans chacun des quarrés qu'elles compofent, la portion de la figure propofee qui luy correfpond, felon le quarré en la figure conceuë auquel il conuient. Or ces quarrez là conuiennent, defquels l'vn eftant celuy qui eft en la figure conceuë defcrite en vn plan coupant le cilindre , parallele à fon axe fert de bafe à la piramide vifuelle, l'autre eft celuy duquel les lignes font leur incidence fur les mefmes lignes que celles qui feruent de commune interfection à la piramide vifuelle & à la fuperficie du miroir.

Cecy ainfi preparé, les quarrez homogenes aux quarrés par lefquels la figure qu'on a conceuë efcrite fur vn plan coupât le cilindre eft diuifee, ferôt defcrits au plan propofé en cette forte; foit au cercle de la bafe ABC, defcrit au plan, & du point T, de part & d'autre menées 2. lignes touchâtes iceluy côme aux points B & C, & conjoignât icelles par la ligne droite B C, laquelle reprefente la commune fection du mefme plan de la bafe auec le plan auquel on a entendu la figure, de laquelle l'apparence eft requife au miroir cilindriq, laquelle fera diuifee en autant de parties egales que la bafe de la figure, à laquelle l'apparence au cilindre d'vne qui fera defcrite au plan propofé doit eftre femblable, comme de la figure precedente, fçauoir en fix chacune moitié en 3. aux points H, E, (car les deux moitiés faites par la ligne TD, font femblables :) Puis du point T, menées des lignes droites à chacune des interfections H, & E, coupant la cir-

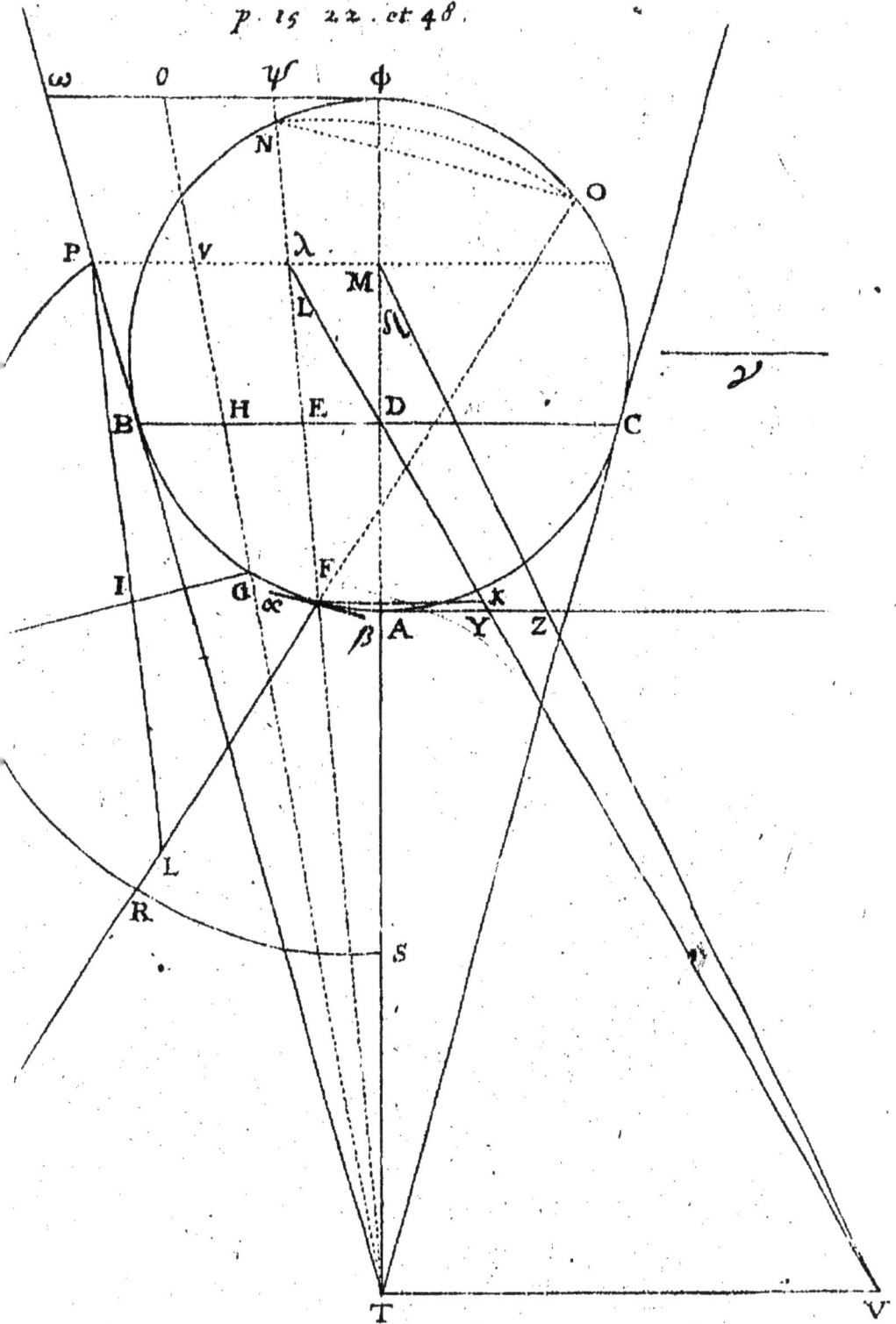

ω   0   ψ   φ

N

O

P   ν   λ

M

L

ℒ

B   H   E   D

C

𝒴

F

I   G   ∝   k

β   A   Y   Z

L

R

S

T   V

conference A B, aux points G, & F, defquels points par le premier Probleme precedent on tirera les lignes G Q , F R, defquelles les apparences tombent fur les coftez du miroir cilindrique, eleués des points G, & F, & ces lignes reprefenteront les lignes montantes, par leur incidence en la fuperficie du miroir, par le 5. & 6. Axiome, à caufe que chacun des coftez eft parallel à chacune des montantes, au plan duquel B C, eft la bafe; & par confequènt le cofté du cilindre eleué au point F, en vn mefme plan que la montante du point E, & la hauteur de l'œil T V : & partant le cofté eleué de F, fera veu femblable à la montante de E.

Maintenant pour defcrire les homogenes aux tranfuerfales de la figure propofee, faut fçauoir, que pour autant que les tranfuerfales doiuent pareftre des lignes droites, & de plus parallele à la bafe du cilindre, les rayons vifuels foubs lefquels chacune d'icelles feront veuës, conftitueront vne fuperficie, de laquelle la commune fection auec le plan de la bafe fera vne ligne droite parallele à B C; c'eft pourquoy ce fera aflez que d'auoir pour chacune tranfuerfale le point auquel elle pareft fur le cofté du cilindre efleué au point A : d'autant que par le moien d'iceluy on trouuera la diftance fur chacune des homogenes aux montantes, depuis le cercle de la bafe iufques au point duquel l'incidence tombe à l'interfection de la tranfuerfale fur le cofté du cilindre, comme fi fur le point Z, cofté femblable à celuy qui feroit eleué du point A deuoit pareftre l'interfection d'vne tranfuerfale de laquelle on veut defcrire l'homogene, fur le plan propofé.

Du point V, point fuppofé de l'œil par le point Z,

soit menée la ligne droite V Z, continuée iusques à ce qu'elle coupe la ligne T A, en M, duquel point tirant la ligne droite M P, parallele à B D, coupant les lignes menées du point T, par A, F, G, B, aux points M, λ, ν, P, cela estant ainsi les lignes A M, F λ, G ν, B P, comprises entre la circonference A B, & la ligne M P, sont celles qui montrent la distance qu'il y a depuis la circonference du cercle à chacun des points homogenes aux intersections des transuersales auec les montantes chacune d'icelle sur celle qui luy conuient; c'est pourquoy faisant A S, egale à A M, F R à F λ, G Q, à G V, & que par les points S, R, Q, on mene vne ligne laquelle soit continuée par iceux sans faire aucuns angles, icelle sera la transuersale homogene requise, laquelle on continuëra iusques en P, & non plus outre ; pour autant que le point P, ne se transporte point comme les autres, & que la ligne T B P, termine au plan proposé ce qui peut reflechir dans le miroir cilindrique, ou non. Pour traffer cette ligne plus exactement, faut diuiser B D en dauantage de parties, le plus sera le meilleur, & faire tout ainsi qu'il a esté dit cy-dessus.

La demonstration de ce qui vient d'estre dit est tres-euidente par le quatriéme Theoreme precedent; car puisque tous les rayons visuels, soubs lesquels nous voyons vne des transuersales, sont en vn plan, aussi l'apparence d'vn des points de l'intersection d'vne ligne montante auec cette transuersale sera au mesme plan, & la rencontre de la ligne de reflexion prolongée, auec la ligne menée du point T, par le point en la base auquel le costé sur lequel est cette apparence est eleué, en la commune section du plan visuel auec celuy de la base ; Il est donc constant que si F R,

est

est egale à F λ, le point d'incidence du point R, tombera au point où le plan visuel coupe le costé du cilindre eleué du point F : & partant paressra dans la mesme transuersale.

Pour auoir le point de l'apparence de l'intersection du costé A Z, auec vne des transuersales ; faut sçauoir premierement la hauteur d'icelle sur la base B C, & porter cette hauteur depuis D, vers C, & par où elle finist, & par le point V, menant vne ligne droite où elle coupera A Z, ce sera le point de l'apparence de cette intersection.

Comme si la hauteur de la transuersale est D μ, par le point V, & par le point μ. estant menée la ligne V μ, coupant A Z, en Z, le point Z, sera celuy de l'apparence de l'intersection de la transuersale eleuée de D μ, sur la ligne B D C, base de la figure ; & A Z, l'eleuation de l'apparence de ce point sur le plan de la base du cilindre.

Si on veut auoir l'apparence du point D, la mesme chose doit estre obseruée, sinon qu'il ne faut point porter de hauteur sur D C, à cause que le point D, est en la mesme base.

De ce qui vient d'estre dit, s'ensuit qu'il n'est point necessaire de trouuer le point Z, pour auoir le point M; mais seulement le point μ, qui est a hauteur de la transuersale au dessus de la base B C.

Les autres transuersales homogenes seront descrites comme la precedente S R Q P, pratiquant tout ce qui a esté dit en sa description.

Il reste maintenant les montantes & transuersales omogenes estant ainsi descrites, à descrire dans les quarrez faits par icelles, les choses qui se rencontrent ans ceux qui sont en la figure proposée, prenant

D

ceux qui conuienent : ce qui doit eſtre fait par le
iugement, proportionnant toutes les parties de voſtre figure, qui ſont dans vn des quarrez d'icelle, ou
celles qui ſeront deſcrites dans le quarré, qui luy
correſpondra au plan propoſé, & continuer de
quarré en quarré iuſquesà ce que voſtre figure ſoit
accomplie. Et faut noter que ce qui pareſt le plus
haut au cilindre vient d'vn object plus eloigné de ſa
baſe, que ce qui paroiſt plus bas ; c'eſt pourquoy,
quád on voudra peindre ou pourtraire quelque choſe, faut touſiours traſſer les choſes qui doiuent pareſtre les plus hautes de toutes dans les quarrez les
plus eloignez, & les plus proche dans les plus pro-
ches, ſelon leur ordre.

S C H O L I E.

L'excellence du miroir cilindrique conuexe, &
pourquoy particulierement il eſt eſtimé, eſt à cauſe
qu'il reſerre les choſes qui luy ſont tranſuerſales, &
rend la meſme grandeur des choſes qui paroiſſent ſelon ſa hauteur; & que les figures qu'il repreſéte bien
proportionnees, viennent des objects qui ſont difformes, & auſquels on ne cognoiſt rien, ce qui cauſe de
l'admiration à ceux qui n'ont pas la cognoiſſance de
ſa nature, ny du moien de tracer les figures, pour les
faira pareſtre ſur iceluy miroir ſelon la volonté, comme nous auons enſeigné au Probleme precedent:
Mais outre cecy, bien que telles figures de ſoy ſoient
aſſez difformes ; neantmoins on les rendra encore
dauantage, ſi le cilindre eſt beaucoup eleué au deſſus
du plan, dans lequel doit eſtre deſcrite la figure qui
luy doit eſtre objectée; à cauſe qu'il faut que les parties d'icelles ſe dilatent & eſtendent dauantage en
rond; cauſant quelquefois qu'vn nez, vn bras, vn

jambe , voire vn corps ne paroiſt que comme vn
filet ; autrement ſi les perſonnages ſont couchez, &
que leurs corps paroiſſent en trauerſant le cilindre, la
figure en ſera tellement difforme, qu'à peine ſans le
cilindre pourra-ton cognoiſtre ce que le peintre a
voulu faire. Finalement entre toutes les choſes qui
rendent la figure plus difforme, c'eſt lors que le point
T, eſt fort proche de la baſe, & T, V, fort eleuée ſur le
plan propoſé à deſcrire la figure qui doit eſtre objectée au cilindre.

Faut noter que pour veoir les figures deſcrites par
la methode precedente , telles qu'on s'eſt propoſé; il
conuient diſpoſer le cilindre, en ſorte que ſa baſe ſoit
iuſtement ſur le cercle deſcrit au plan, ou s'il eſt eleué
au deſſus, que la perpendiculaire tiré du centre de la
baſe au centre du meſme cercle ſoit perpendiculaire,
au plan de l'vn & de l'autre : comme auſſi l'œil doit
eſtre diſpoſé en ſorte, que la hauteur & diſtance cor-
reſponde à celles qui ont eſté ſuppoſees en la conſtruction : ce qui ſe fera facilement par le moien d'v-
ne verge ou baton eleué du point T, perpendiculaire
ſur le plan aiant ſa hauteur egale à celle qui a eſté ſup-
poſee, à l'extremité de laquelle on mettra quelque
petite piece de fer blanc, ou cuiure percé d'vn petit
trou au milieu, en ſorte que depuis le plan iuſques à ce
trou il y aye la iuſte hauteur , ſelon laquelle la figure
a eſté faite.

Ceux qui les premiers ont fait des figures pour les
miroirs cilindrique , & encore de preſent pluſieurs
font paſſer les montantes homogenes comme F R,
G Q, &c. par le centre du cercle de la baſe A : & pour
les tranſuerſales, ils ſe contentent de chercher les
points de leurs interſections ſur la ligne A T, par leſ-

quels ils font paſſer des cercles auſquels ils donnent
le point A pour centre commun ; pour trouuer ces
points ſur ladite ligne T A, ils prennent la hauteur de
la figure qu'ils veulent repreſenter ſur vne ligne touchante le cercle A B C, au point A, ainſi qu'eſt A Z.
Puis ſur icelle à l'extremité de cette hauteur, ils font
vn angle de 45, d'aucuns le veulent de 60, lequel ils
diuiſent en autant de parties comme il y a de tranſuerſales en la figure; lors tirant les lignes droites diuiſant ainſi cet angle, où elles rencontrent T A, elles
montrent les points des interſections des meſmes
tranſuerſales auec T A. Le vice de cette conſtruction
eſt viſible, par les choſes qui ont eſté cy-deuant dites:
c'eſt pourquoy nous ne nous y arreſterons, ſinon
qu'en paſſant ie montreray le moien par lequel cette
methode pourra eſtre corrigée, & paſſer pour bonne,
& faire que les figures ſeront propres pour vne diſtance de l'œil indeterminée. C'eſt qu'il faut ſur la ligne
D M, prendre la hauteur de la figure propoſée ; c'eſt
à dire depuis le point D, la hauteur de chacune interſection des trauerſales auec les montantes, ſi on veut
faire pareſtre la figure platte & comme eſtant ſur D,
marquant vn point où chacune ſe termine, comme ſi
la hauteur de l'vne d'icele ſe termine au point M, il le
faut noter : puis faire A S, egale à AM, & tirer M P,
parallele à B C, coupant B P, laquelle touche le cercle au point B, au point P, par lequel & par S, faiſant
paſſer la circonference d'vn cercle, duquel le centre
ſoit ſur la ligne T A, icelle ſera la tranſuerſale homogene, qui pareſtra au cilindre eleuée de la hauteur
A S. Pour les montantes elles ſeront deſcrites en
eleuant des points H, & E, des perpendiculaire iuſques à la circonference A G B, & des points où elles

coupent icelles menant des lignes droites faisant angles egaux, sur les lignes touchâtes le cercle au mesme
point, à ceux que font les mesmes perpendiculaires :
les mesmes choses seruiront aussi pour les Problemes
suiuans.

Probleme. 4.

Les mesmes choses que dessus estant proposées, descrire au plan donné les transuersales & montantes homogenes ; en sorte que
la figure descrite par le moien d'icelle pareisse
dans le miroir cilindrique conuexe, ainsi que
si elle estoit descrite en la superficie d'iceluy,
ou bien dans vne superficie concaue.

Soit le cercle descrit au plan B C E, & le point où
tombe la perpendiculaire tirée de l'œil sur le mesme
plan A ; il faut faire ce qui est proposé.
Pour faire parestre l'espece conuexe les montantes
seront ainsi tracées : Aiant tiré la ligne A E, touchant
le cercle au point E, & A C, au point C, soit menée
la ligne C E, & diuisé l'arc B E, en autant de parties
egales que la moitié de la base de la figure aux
points F, G : par le premier Probleme on tirera les
montantes homogenes.
Pour vne apparence concaue l'arc de la concauité
comme C N, estant descrit, on le diuisera comme deuant, & par les diuisions serõt menées les lignes A M,
A L, coupant la circonference conuexe aux points
H, L, par lesquels en apres on menera suiuant la methode du premier Probleme les montantes homogenes ; que ces montantes soient celles desquelles les

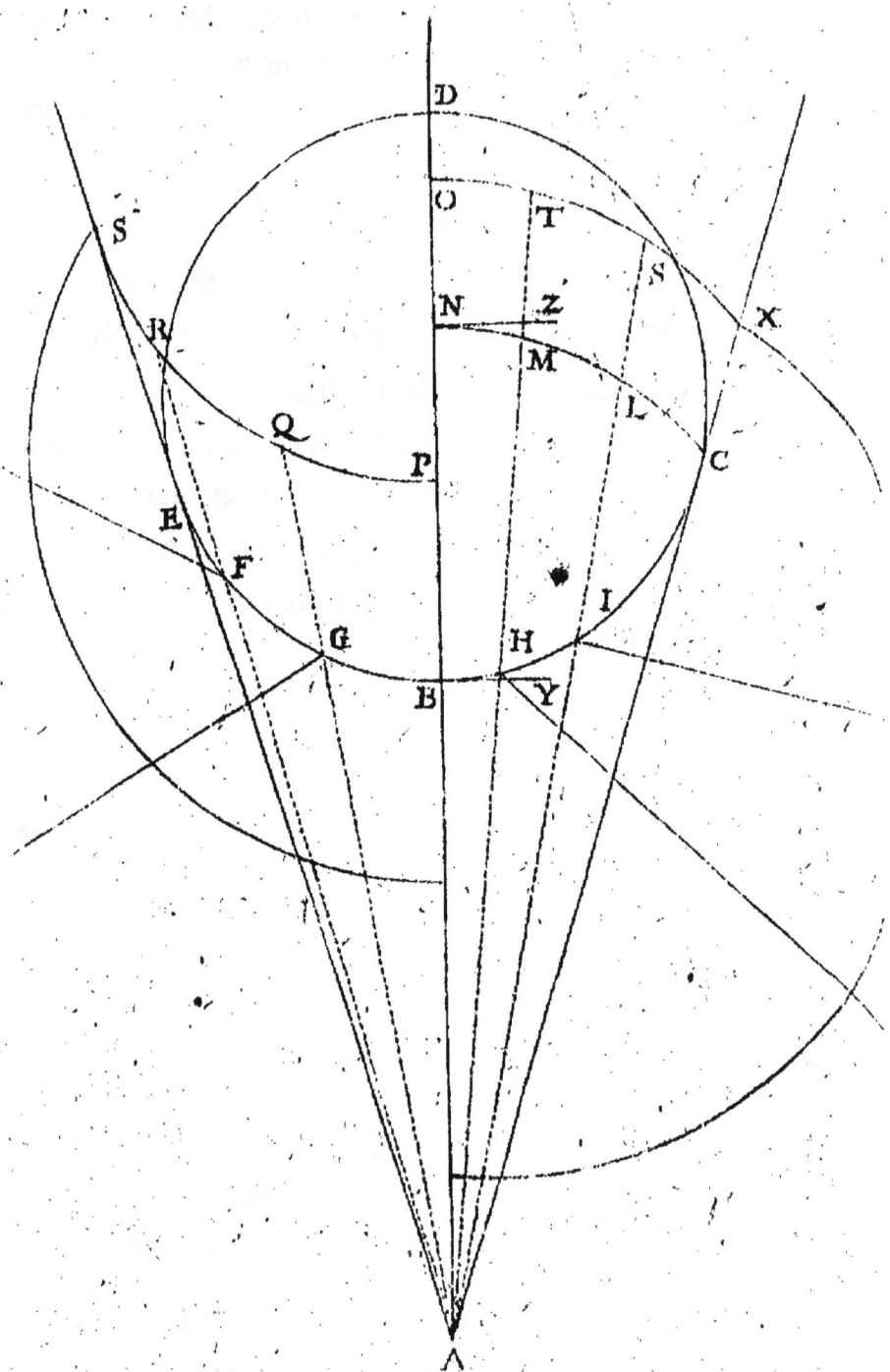

apparences reprefentent les lignes eleuées perpendiculairement fur le plan tant des points F, G, que H, L.
Il eft euident, puis-que leurs incidences feront fur les
coftés du miroir cilindrique paffant par les points
F, G, H, I, par le 3. Theoreme, & que toutes les lignes qui font en vn mefme plan font veuës droites &
en femblable difpofition par le 5. & 6. Axiome precedent.

Maintenant les tranfuerfales feront defcrites ainfi:
Pour l'apparence conuexe; faut eleuer la ligne B Y,
perpendiculaire à A B, & fur icelle prendre l'eleua-
zion de la tranfuerfale fur la bafe, qui par exemple fe
termine au point Y, duquel par le point de l'œil tirât
vne ligne droite iufques à ce qu'elle coupe B D, en P,
& la diftance B P; fera celle du point au plan propofé,
duquel l'apparence eft eleuée au deffus de la bafe de
la ligne B Y, laquelle fera portée de B, vers A,
la diftance fur les autres montantes homogenes fera
trouuée en tirant les lignes A Q, A R, & defcriuant
le cercle P Q R, duquel le diametre foit au diametre
de la bafe comme A P, à A B : car icelles feront G Q,
F R, E S, lefquels il faudra porter chacune fur la montante à laquelle elle correfpond.

Cela eft euident, dautant que pour faire pareftre
l'apparence conuexe & comme defcrite en la fuperficie du cilindre; Il faut que les tranfuerfales fur la
mefme fuperficie foient des cercles parallele à la bafe
du cilindre; c'eft pourquoy ces mefmes tranfuerfales feront egalement eleuées au deffus de la
bafe : & partant par le Corollaire du quatriéme
Theoreme precedent les lignes menées du point A,
aux points G, & F, prolongées iufques à ce qu'elles
rencontrent les lignes de reflexion auffi prolongée,

paſſantes par les interſections de la tranſuerſale auec
les coſtez du cilindre eleués des points G, F, ſeront à
A G, A F, chacune à la ſienne comme A P, à A B:
mais A P, & à A B, comme A Q, à A G, & A R, à
A F, par le Lemme ſuiuant. Donc G Q, F R, & E S,
ſeront les diſtances des interſections de la trauerſale
homogene propoſée à deſcrire, priſe ſur les montantes homogenes qui conuienent à chacune.

Finalement les tranſuerſales homogenes, afin de
faire que l'apparence ſoit veuë concaue ſeront deſcrites, ſi on eleue du point N, la perpendiculaire N Z,
ſur laquelle ſoit priſe la hauteur de la tranſuerſale
propoſée N Z, puis du point de l'œil par le point Z,
tirant la ligne Z O, coupant B D, en O, ſi par le point
O, on deſcrit vn cercle duquel le diametre ſoit au diametre B D, comme A O à A N, coupant les lignes
A H, A L, A C, prolongées en T, V, X, les lignes B O,
H T, I V, C X, ſeront les diſtances des interſections
de la tranſuerſale homogene requiſe auec les montantes homogenes tirées des points B, H, I, C, chacune de celle à laquelle elle reſpond. La demonſtration en eſt claire par ce qui vient d'eſtre demontré
pour l'apparence conuexe, & par le Lemme ſuiuant.

LEMME.

EN la figure ſuiuante ſoient les deux cercles HE F,
I G D, deſquels les centres ſoient B, & C, & le
diametre M E, ſoit au diametre N D, comme A M,
à A N, Ie dis que ſi du point A, on tire vne ligne
comme l'on voudra, ainſi que A H I, ou A P E G, le
ſegment d'icelle A O, ſera à A P, pris depuis le point
A, iuſques aux circonferences conuexes, comme
A M.

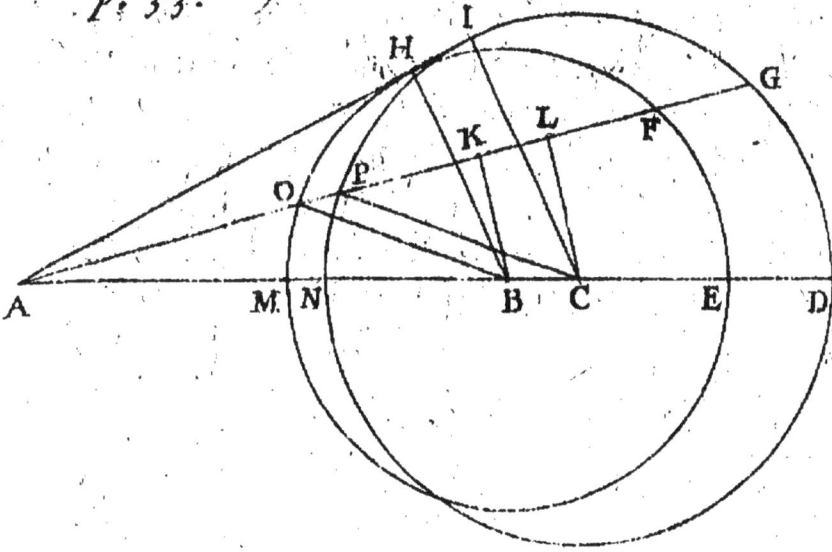

AM, à AN; & A F, à A G, entre le mefme point
A, & les circonferences concaues des mefmes cercles,
comme A E, à A D. Car en premier lieu la ligne
touchera l'vn des cercles comme la ligne A H I, tou-
chât le cercle H F E, au point H; & partant elle touchera auffi l'autre : pour-autant que fi on tire B H,
elle fera perpendiculaire à A H, & fi du point C, eft
menée C I, auffi perpendiculaire à A H, les lignes
droites B H, C I, feront parallèles, & par confèquent
A H, à A I, comme A B, à A C: mais A B, eft à A C,
comme A M, à A N, (à caufe que A M, eft à A N,
comme M B, à N C, par l'hypotefe, & en compofant alterement & changeant A M, à A N, comme
A B, à A C;) donc A H, fera à A I, comme A M, à A N:
& par confèquent A M, à A N, comme B H, à C I,
parquoy C I, fera le femidiametre du cercle I G D,
& la ligne A I, touchera le mefme cercle au point I,
& la raifon de A H, à A I, telle que de A M, à A N.

Maintenant, que la ligne coupe l'vn & l'autre cercle, comme la ligne A G, d'autant que comme il a efté

E

montré A B, & à A C, comme A M, à A N; donc menant B K, C L, perpendiculaires à A G, alors K B, fera
à L C, comme A M, à A N : & si on tire C P, B O,
femidiametres, les lignes O K, P L, feront entre-
elles comme K B, à L C, c'est à dire A M, à A N, ou
A K, à A L, & en diuifant alternement A O, fera à
A P, comme A M, à A N. Item en compofant auffi
alternement A F, fera à A G, comme A M, à A N :
mais A M, est à A N, comme A E, à A D; partant
A F, fera à A G, comme A E, à A D. Donc fi deux
cercles, &c. ce qu'il falloit demontrer.

Probleme 5.

Estant donné vn miroir cilindrique conuexe, vn plan perpendiculaire au plan de la bafe
d'iceluy, la distance & la hauteur de l'œil fur
le mefme plan de la bafe, au refpect du cercle
d'icelle; defcrire au plan donné vne figure
de laquelle l'apparence au miroir foit fembla-
blable à vne figure auffi donnée, pourueu
que ce plan ne foit interpofé entre l'œil & le
miroir.

Pour facilement fatisfaire au requis faut traffer
au plan propofé les montantes & tranfuerfales homogenes : puis dans les quartez faits par iceux, defcrire
chacune des parties de la figure propofee, comme il a
esté enfeigné au troifiéme Probleme precedent; ce
qui doit tousjours êstre fuppofé, tant aux Problemes
precedens que fuiuans.

Les Montantes feront defcrites en cette forte.
Soit en la figure du 3. Probleme le cercle de la bafe

A B C, le point de l'œil T, & la hauteur d'iceluy T V.
Et soit la ligne P L, commune intersection du plan
proposé auec celuy de la base ; il faut descrire des
lignes sur iceluy, desquelles les incidences tombent
sur les costez du cilindre correspondans aux montantes menées perpendiculaires sur B D, de quelque point
que ce soit, pourueu que l'incidence requise ne vien-
ne d'vn objet hors l'etenduë du plan donné ; soient
celles qui sont requises menées des points E, & H.
Par le premier Probleme soient menées au plan de la
base les lignes montantes homogenes F R, G Q desquelles les apparences sont veuës sur les costez du
miroir cilindrique eleuez des points F, G, icelles coupant P L, aux points I, & L, desquels au plan donné
estant eleuées des perpendiculaires, à la ligne P L, elles
seront les montantes homogenes requises.

Car puisque l'apparence de G Q, est sur le costé
du miroir eleué du point G, lequel parest le mesme
que la montante tirée de H, il s'ensuit que le point I,
aura aussi son incidence sur le mesme costé du miroir
cilindrique, & en vn mesme plan auec iceluy, & la
montante eleuée de H. Or pour-autant que la montante homogene eleuée du point I, est parallele au
costé du cilindre, ils seront en mesme plan auec Q I
G : & partant les rayons d'incidence de I Q, & la
montante homogene eleuée de I, au plan donné seront en mesme plan. Par consequent les incidences
de cette montante homogene tombera sur le costé
du miroir cilindrique coupant la base au point G, &
l'apparence sera la mesme que de la montante en la
figure proposée eleuée d'vn point representant le
point H, puisque toutes les lignes qui sont en vn
mesme plan, auec vn des costez dônent leurs inciden-

cés ſur vne meſme ligne au miroir, laquelle ſert de cô-
mune ſection au meſme plan & à la ſuperficie du miroir. La meſme demonſtration ſera faite du point L,
& de la montante homogene eleuée d'iceluy, comme auſſi de tous autres, &c.

Pour les tranſuerſales, voicy le moien de les deſcrire au plan propoſé. C'eſt qu'il faut trouuer ſur
chacune montante homogene l'interſection d'icelle
auec la tranſuerſale : puis par ces interſections mener
vne ligne continuée ſans faire aucun angle, & elle ſera là requiſe.

Afin d'auoir ces interſections faut faire ainſi: Si on
veut auoir ſur la montante homogene eleuée du
point L, l'interſection de la meſme auec la tranſuerſale homogene qui ſoit au plan propoſé, eleuée ſur le
plan de la baſe du cilindre en la figure propoſee de la
hauteur de D μ, ſoit fait comme T λ, à R L ; ainſi
T V, hauteur de l'œil, a vne autre ligne droite, laquelle ſera la hauteur de l'interſection de la tranſuerſale
demandée auec la montante eleuée du point L, au
plan propoſé; de meſme pour auoir l'interſection
ſur la montante eleuée du point I, on trouuera à T v,
Q I, & à T V, hauteur de l'œil vne quatrieme proportionnelle, laquelle ſera la hauteur de l'interſection
requiſe depuis le point I.

Que cela ſoit ainſi il eſt tres-euident, pour autant
que ſur le coſté du cilindre eleué de F ſera veuë l'apparence du point R, laquelle eſt celle qui repreſente
l'interſection de la tranſuerſale eleué au deſſus du plan
de la baſe du cilindre de la hauteur D μ.

Et la ligne T λ, eſt à T V, comme R F, à la hauteur
de cette apparence au deſſus de F : mais T λ, eſt à T V,
comme R L, à la hauteur de l'interſection de la tranſ-

uersale & montante homogene eleuée du point L, au
plan proposé, & cette montante est en vn mesme plan
auec le costé du cilindre eleué du point F, & la ligne
R, ainsi qu'il a esté demontré cy-dessus; donc R F,
sera à la hauteur de l'apparence comme R L, à la hauteur de l'intersection homogene requise; partant le
point R, auec celuy de cette intersection, & celuy de
l'apparence du point R, seront en vne mesme ligne
droite; & par consequent l'apparence de l'intersection trouuée, mesme que celuy de R; donc R, don-
nant pour apparence l'intersection de la transuersale
eleuée de D μ, auec le costé du miroir cilindrique
eleuée du point F, aussi l'intersection trouuée donnera la mesme, ce qu'il falloit faire.

Probleme 6.

Estant donné vn miroir cilindrique concaue, vn plan sur lequel il doibt estre posé
aiant vn cercle egal à la base du cilindre, lequel en la position doit estre parallele à icelle,
& la ligne conjoignans les centres tant de la
base que ce cercle perpendiculaire au mesme
plan: Estant aussi donnée la hauteur & distance de l'œil; tracer au plan proposé vne figure
de laquelle l'apparence soit semblable à vne
figure donnée, le cilindre & l'œil estant dispo-
sez selon le proposé.

Auparauant que de passer outre, faut estre aduer-
ty que les miroirs cilindriques concaues, doiuent
receuoir vn limite pour la portion du cilindre des-

quels ils font ; fçauoir qu'ils ne doiuent eftre plus de
la tierce partie ; c'est à dire que leur bafe ne doit, ex-
ceder le tiers de la circonference du cercle, quelque
fois felon l'eloignement de l'œil, il ne fera permis d'v-
fer d'vn plus grand que le quart du cilindre, duquel il
eft portion ; & ces deux portions font les limites entre lefquels on doit conftituer lefdits miroirs, felon
que l'œil en fera plus ou moins reculé. Et pour autant que cela feroit impertinent fi pour chacune figure & eloignement d'œil particulier on fabriquoit
vn miroir, ie confeille de les faire (afin de feruir vni-
uerfellement) feulement de la quattiéme partie du
cilindre. La raifon pourquoy les plus eftendus
font reiettés, c'eft que les apparences faits aux extre-
mitez viennent de l'image de la chofe objectée, laquelle reflechit d'vne partie du miroir en l'autre, ainfi
que l'on pourra facilement colliger par la conftruction fuiuante. Pour venir au requis faut fçauoir que
la figure donnée à laquelle on demande vne apparence femblable doit eftre diuifée comme au 3. Probleme, foit que l'apparence doiue eftre veuë en plan
concaue, ou, conuexe.

Le cercle au plan propofé foit A, la diftauce de
l'œil iufques en la fuperficie concaue du miroir D B,
& la hauteur de l'œil D E, la portion du cercle femblable au miroir A B C, laquelle foit le quart de la
circonference ; il faut fatisfaire au requis.

Soit tirée C A, diuifée par D B, en deux egalement & à angles droits, laquelle fera diuifée en au-
tât de parties egales que la bafe de la figure propofee ;
& la moitié, que la moitié comme aux points F, G, H,
par lefquels foient tirées D F, D G, D H, prolongées
infques en la circonference, laquelle elles coupent

P. 39

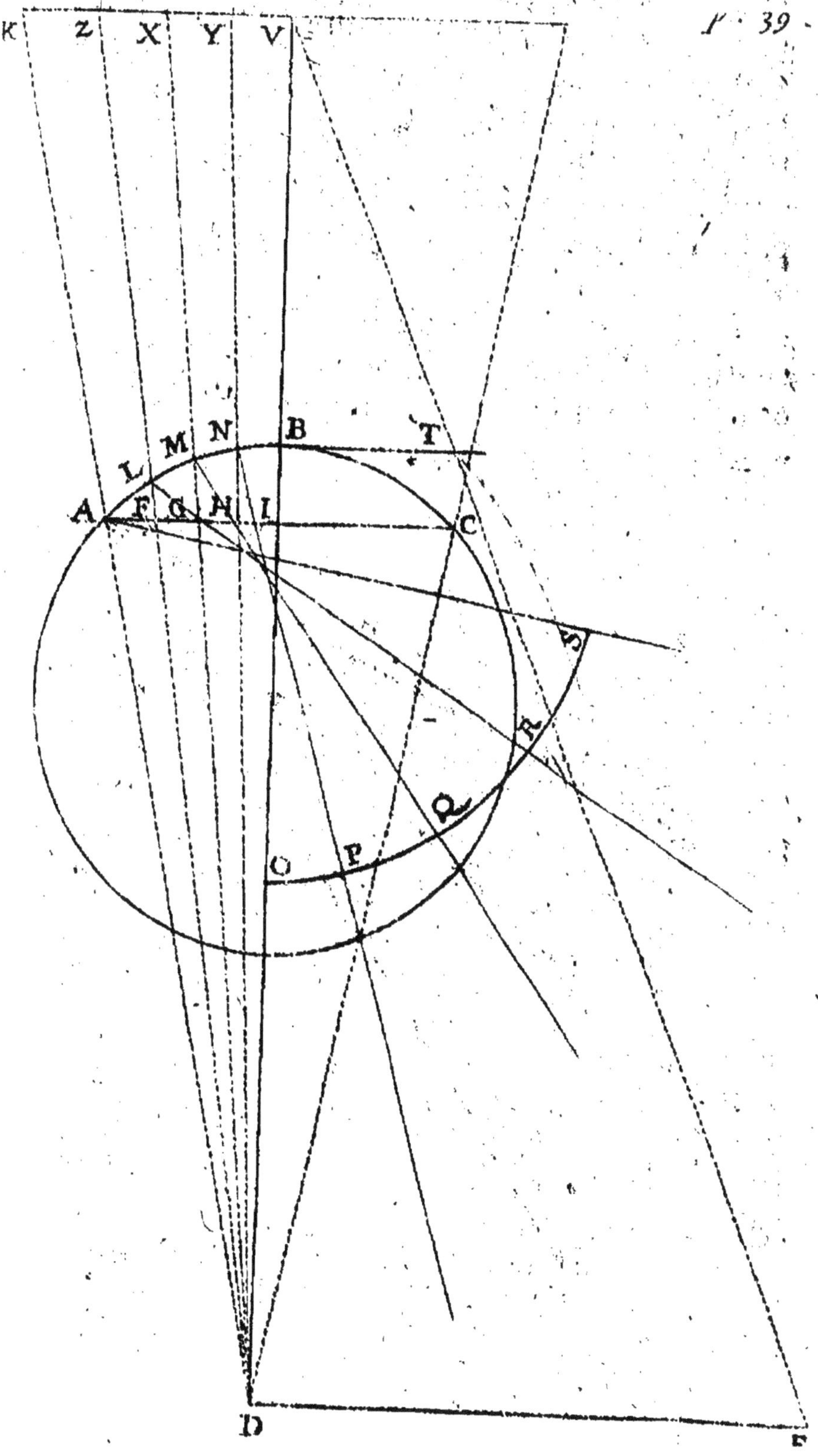

aux points L, M, N, desquels, par le premier Probleme soient menées les montantes homogenes A C, L R, M Q, N P, lesquelles s'entrecoupent l'vne l'autre environ le diametre du cercle de la base du miroir, & cette interfection, ou concurrence des rayons a son estenduë depuis le centre du cercle iusques au point I, selon la variation de la position de l'œil.

Les transuersales homogenes seront tracees en eleuant au point B, sur DB, vne perpendiculaire BT, & prenant sur icelle les hauteurs des transuersales, obseruant ce qui a esté enseigné au troisiéme Probleme au miroir cilindrique conuexe, prenant garde que la premiere transuersale homogene coupe les montantes, outre le dernier point de concurrence, des rayons d'incidence, ou bien si on veut faire vne petite figure que toutes les transuersales soient entre la superficie du miroir & le premier point de concurrence: I'ay dit premier & dernier point de concurrence, à cause qu'il n'y en a pas vn seulement; mais peuuent estre infinis autant qu'il y a d'incidence, lesquelles coupent la portion du diametre comprise entre le centre de la base & le point I.

Ayant ainsi preparé le plan proposé, comme aussi la figure donnée, il sera facile de décrire la figure demandée, ainsi qu'il a esté dit au 3. Probleme, obseruant neantmoins icy que si la premiere des transuersales est au dessus du dernier point de concurrence, il faudra changer la partie droite de la figure proposée en la gauche; à cause des interfections des montantes homogenes, lesquelles au dessus de ce dernier point chágent la partie droite du cilindre en la gauche, & au contraire: mais entre la partie concaue du miroir & le
premier

premier point de concurrence l'obiect reçoit mesme disposition auec son espece.

L'apparence de la figure cy-dessus descritte apparoistra en plan, ainsi qu'il a esté cy-deuant monstré; que si on desire qu'elle soit ou concaue ou conuexe, on suiura la mesme construction que celle du 4. Probleme precedent.

SCHOLIE.

Nous auōs dit en la construct. de ce Probleme qu'il falloit prēdre garde que la premiere trāsuersale coupast les montantes outre le dernier point de concurence, afin d'aduertir que nulle des transuersales ne soit menee dans l'espace de la mesme concurence des rayons d'incidence, à cause de la confusion d'iceux, lesquels s'entrecoupent les vns les autres en autant de points qu'ils sont és nombres; c'est pourquoy, il seroit impossible veu qu'vn mesme point en cest endroit refleschit en plusieurs parties du Miroir, de faire vne figure conuenable à celle qui est proposée.

Pour ce qui est de la portion du cilindre de laquelle le miroir doit estre fait, bien que nous l'ayons reduite à la quatriesme partie du mesme cilindre, neantmoins cela est à la volonté de celuy qui fabriquera iceluy, de le pouuoir faire iusques au demy cilindre: mais il y a cecy, cest que l'image de l'obiect n'est iamais veuë seule, à cause que la grandeur du miroir faict qu'elle est accompagnée de fausses apparences de l'obiect; c'est à dire qu'outre l'image veuë par la reflectiō de l'obiect, il s'en voit d'autres qui viennēt d'en la reflectiō d'autres images du mesme obiect: nous en passerons les causes sous silence, nous contentant de donner le phenomene, comme aussi quelque autres, qui sont tels.

F

Au miroir cilindrique côcaue plus grãd que
la quatriéme partie du cilindre, mais qui n'ex-
cede la moitié, on peut voir trois efpeces d'vn
feul obiect, l'vne par la reflexion de l'obiect
mefme, les deux autres par les reflexions de
deux efpeces de mefme obiect, pourüeu que
l'œil ne foit pofé en l'axe du cilindre.

2.

Sy l'œil eft en l'axe, & l'obiect hors iceluy
on vetra vne feule efpece de l'obiect.

3.

Le mefme ariuera fi l'œil eftant hors l'axe,
l'obiect eft en iceluy.

4.

L'obiect & l'œil eftant en l'axe du miroir cilindric, l'efpece de l'obiect pareftra comme vn
demy cercle à l'entour de la fuperficie concaue du miroir parallele à celuy de la bafe, &c.

Probleme. 7.

Eftant donné vn miroir cilindrique concaue ou conuexe, & vn plan, auquel foit vn
cercle égal à celuy de la bafe, fur lequel la
mefme doit eftre pofee, item la diftance
hauteur de l'œil : defcrire au plan donné vn
ligne, de laquelle l'apparence femble eftre e
vn plan perpendiculaire à la bafe du cilindre
faifant auec la ligne menée du point de l'
en la bafe, par le centre de la mefme bafe v
angle donné ; & que cefte apparence fembl

eftre inclinee fur la commune fection du plan, auquel elle eft auec celuy de la bafe, auffi d'vn angle donné, & qu'elle paffe par vn point donné en l'vn des coftés du miroir.

Soit le cercle C D L, au plan donné, lequel foit ef-gal à celuy d'vn cilindre conuexe propofé, ('car la mefme conftruction fera du concaue) le point de l'œil au plan A, fa hauteur A B, le cofté du cilindre, le-quel doit eftre couppé par l'apparence demandé foit C E, au point E, en forte que l'apparence femble eftre vne ligne menée en vn plan perpendiculaire à celuy de la bafe, ayant pour commune interfection auec iceluy la ligne C D, & que la mefme ligne s'in-cline fur la commune fection C D, où fa parallele ti-ree du point E, d'vn angle efgal à l'angle I N O.

Soit fait le triangle rectangle I N O, puis faifant comme N O, à O I, ainfi C D, à M F, ayant preala-blement fait C E, D M, efgalles & paralleles; en apres les lignes A C, A D, eftant menées du point A, point de l'œil, foient menees B E, B F, coupant A C A D, prolongees au points H, & G, par lefquels ti-rant G H, icelle fera la commune interfection du plan vifuel coupant la fuperficie du miroir cilindrique, fe-lon l'apparence auec le plan de la bafe, ou celuy qui eft donné. Le refte eft facile, d'autant que du point A, tirant tant de lignes droictes qu'on voudra coupantes G H, & la circonference C D, fi dés points aufquels cefte circonference eft couppee, ont tiré les montan-tes homogenes, & que fur icelles chacune à la fienne on porte les grandeurs des mefmes lignes menees du point A, iufques à G H, comprifes entre la circonfe-rence D C, & G H, & que par où elles finiront on conduiſe vne ligne en ſorte qu'elle ſoit continuée, ſans faire aucun angle elle ſera la requiſe.

La demonſtration en eſt euidente : car E F D C, eſt le plan dans lequel doit eſtre la ligne de l'apparence requiſe, & E M, eſtant parallele & eſgale à C D, l'angle F E M, ſera eſgal au donné I N O, par conſequent le plan viſuel B E F, contient en ſoy la ligne de l'apparence requiſe ; c'eſt à dire que la commune interſection du plan B E F, en la ſuperficie du cilindre ſera veuë ainſi que E F : or la commune interſection de ce plan viſuel auec la baſe du cilindre eſt G H ; à cauſe que B E F, B G H, ſont en vn meſme plan ; donc la diſtance de chacun des points deſquels l'incidence eſt en la commune ſection du plan viſuel auec la ſuperficie du cilindre, ſera donné par les portions des lignes droites tirees de A, iuſques à la ligne

GH, comprifes entre G H, & CD, chacune fur la
montâté homogene menee des points ou les mefmes
lignes coupent la circonference C D, à laquelle elle
conuient ainfi qu'il a efté demonftré cy-deuant.

Probleme 8.

Satisfaire au troifiefme & cinquiefme Probleme, par vne methode plus excellente, fans
l'ayde des tranfuerfales.

Soit en la figure du Probleme fuiuant le cercle au
plan propofé efgal à celuy de la bafe du cilindre A B
C, le point de l'œil au plan T, la hauteur d'iceluy T V;
Il faut faire le requis.

Soient menees T B, TC, touchant le cercle aux
points B & C, prolongees à difcretion: puis conioints
les points B, & C, par la ligne droite BC, qui fera la
commune fection du plan coupant le cilindre parallele à l'axe d'iceluy, auec la bafe du mefme. Soit le plan
donné, pofé celuy de la fection, B C, ligne de la bafe
T V, ligne horifontale, T, point fuppofé de l'œil, &
V, celuy de la diftance fuppofée, par le moyen de-
quoy foit defcript au deffous de la bafe B C, & entre
les deux lignes TB, TC, prolongées, l'apparence en
cefte mefme fection, de la figure propofée, de laquelle l'apparence eft demandee en la fuperficie du miroir
cilindrique, ainfi que nous enfeignons en noftre
perfpe&iue, cela fait pour reduire la mefme figure
en forte que fon apparence au miroir cilindrique foit
veuë la mefme que la propofee; on tirera du point A,
entre les lignes TB, T C, prolongées tant de lignes
droites qu'on voudra, coupantes la figure defcri-

té par le moyen cy-deſſus dit au deſſous de B C,
& par les points où icelles couperont la circonference comme aux points G, & F, & on tirera les montantes homogenes ſur leſquelles portant du point où
elles ſont tirées en la circonference du cercle, la diſtance qu'il y a entre le meſme point & quelque
point de l'apparence d'eſcripte au deſſous de B C,po-
ſé en la ligne menée du point T, par le point en la
circonference duquel eſt menée la meſme montante
homogene, le point où finira ceſte diſtance portée
ſera l'homogene, aupoint de la meſme diſtance. On
fera le meſme de toutes les parties de la figure deſcrite au deſſoubs de BC, conioignans chacun de ces
points auec ſon ſemblable prochain, afin de faire les
lignes & traits homogenes de la figure ; & ainſi elle
ſera accomplie.

La demonſtration en eſt euidente par les choſes
dites au 3. Probleme.

La plus excellente practique de ce Probleme, eſt
quand les figures propoſées ſont toutes de lignes
droites, auquel cas il eſt bien difficile de ſatisfaire par
le moyen des montantes & tranſuerſales ; auſſi on
m'accordera que iuſques à preſent on a guere veu d'i-
mages ſur le cilindre, leſquelles fuſſent deſcriptes
de lignes droites; à cauſe que l'erreur en eſt trop
grand,ce qui a cauſé que tous ceux qui par cy-deuant en ont fait ne de ſont ſeruis que de lignes courbes.

Probleme 9

Accommoder toutes les conſtructions pre-
cedentes, aux nombres & au compas de proportion.

D'autant qu'il pourroit arriuer que la diſtance de l'œil & hauteur propoſée d'iceluy excederoient le plan donné ; & que partant il ſeroit difficile de conſtruire la figure, ainſi qu'il a cy-deuant eſté dit, nous appliquerons ces conſtructions premierement aux nombres, & en apres au compas de proportion : Au miroir cilindre conuexe on fera ainſi.

Premierement ſi l'apparence au cilindre doit eſtre en vn plan, faut ſçauoir la diſtance de la ligne T ♪, en faiſant vne eſchelle de la grandeur du diametre du cercle de la figure ſuiuante, diuiſé en pluſieurs parties eſgales, c'eſt à dire de T, iuſques au centre du cercle, puis à ceſte diſtance & au ſemidiametre du cercle on trouuera vne troiſieſme proportionnelle, laquelle ſera ♪ D, comme ſi par exemple T ♪, eſtoit 54. parties telles que le ſemidiametre eſt 18. lors on dira ſi 54. donne 18. combié 18. viendra 6. parties pour D ♪, ayant donc pris ſur A ꝝ, depuis ♪, 6. parties telles que A ♪, eſt 18. où elles finiront, qui ſera au point D, ſoit eſleuée D B, prolongée en C perpendiculaire ſur A ♪ : Puis du point B, menant B ω, touchant le cercle au point B, & coupant la ligne ω φ, auſſi touchante le cercle à l'extremité du diametre au point ω, cela fait pour tracer les montantes homogenes, on diuiſera B D, & ω φ, en autant de parties egales l'vne que l'autre, ſçauoir B D en H, & E : & ω φ, aux points ◦, & ↓, & tirant par chacun des points de l'vne aux points de l'autre, ainſi qu'ils conuiénent des lignes droites : H G, ↓E F, coupant la circonference A B, aux points G, & F, deſquels on tirera les montantes homogenes en la ſorte qu'il a eſté dit au premier Probleme.

Pour les tranſuerſales elles ſeront deſcriptes en la meſme façon qu'il a cy-deuant eſté enſeigné. rc'

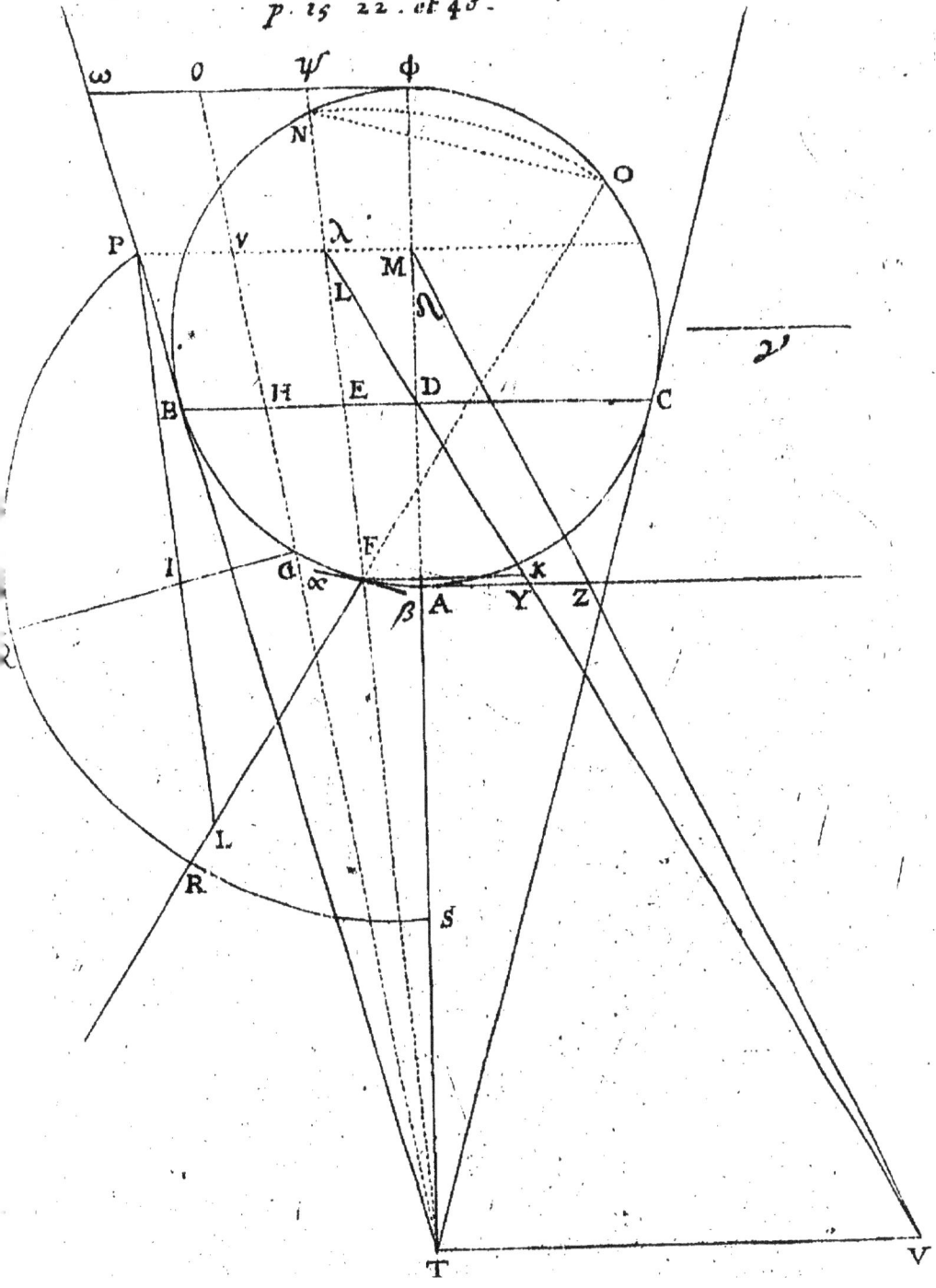

ω   0   ψ   φ

N

O

2'

P

v   λ

M

L   Ω

B   H   E   D   C

F

I   α   x

β A   Y   Z

L

R

S

T   V

seulement à trouuer le point de la distance d'icelles
sur la ligne A D, ce qui ce fera en ceste sorte, de toute la ligne T ♪, 54. parties on ostera 6. parties pour
D ♪, & restera T D, de 48. parties: puis soit posée
la hauteur de l'œil T V, 40. parties; & D μ, hauteur
de la transuersale sur le plan de la base du cilindre au
plan proposé, 8. parties, lors si on oste 8. hauteur de
la transuersale de 40. hauteur de l'œil, & que faisant
vne regle de trois, le reste qui est 32. estant le 1. terme
d'vne regle de 3., le 2. 48. valeur de TD, & le troisies.
8. pour D μ, le quatriesme sera 12. pour la distance du
point D, au point M. Et si du point M on tire M
D parallele à D B, coupant les lignes F L, H I, B ω,
aux points λ, ν, P, les distances des intersections de
chacune des montantes homogenes S A, R F, Q G,
B P, auec la transuersale requise sont A M, F λ, C ν,
B P, chacune à la sienne prise depuis la circonference
du cercle A F G B.

Auec le Compas de proportion.

Le point D, sera trouué comme dessus, si on ap-
plique 18. parties egales grandeur du semidiametre
du cercle ABC, à l'ouuerture de T D, 54. parties: car
le compas demeurant ainsi ouuert, la grandeur de
l'ouuerture des mesmes 18. parties pour le semidiametre, donnera sur les parties egales six parties pour
D λ.

Pour le point M, il sera aussi facilement trouué en
prenant les 48. parties de la distance T D, sur les parties egales, & qu'on porte icelles à l'ouuerture de la
difference entre la hauteur de l'œil & celle de la transf-
uersale, sçauoir 32. & le compas de proportion de,

meurant ainſi ouuert, la grandeur de l'ouuerture de
Dμ, 8. partie donnera ſur les parties egales 12. pour
DM.

Maintenant ſi l'apparence doit eſtre veuë comme ſi l'image eſtoit eſcripte en la ſuperficie conuexe
du miroir cilindrique, on operera en ceſte maniere:
ſoit en la figure ſuiuante le cercle de la baſe BCDE,
duquel le diametre ſoit diuiſé en trente-ſix parties
egales pour ſeruir d'eſchelle à toutes les autres parties
de la figure, diſtance & hauteur de l'œil, afin que le
ſemidiametre ſoit 18. p. Et au diametre BD, ſoit pris
quelque point P, duquel la diſtance au point A, ſoit
60. parties telles que le ſemidiametre eſt 18. p. & AB,
54. p. ; puis par la regle de 3. on trouuera à 54. 60. & 18.
vn quatrieſme terme, lequel ſera 20. pour les parties
de la grandeur du ſemidiametre du cercle PQRS, auquel & au cercle de la baſe, on menera la touchante
ES, qui ſera vn des termes de la figure au plan propoſé, & vne des montantes homogenes, les autres montantes ſeront menées comme au Probleme 4.

Les tranſuerſales homogenes ſont tirées ainſi: ſoit
oſté de la hauteur de l'œil, ſuppoſez 44. p. la hauteur
de la tranſuerſale BY, poſez 8. p. & le reſte poſé pour
premier terme d'vne regle de trois, au ſecond la grandeur de AB, 54. p. & au troiſieſme la hauteur de la
tranſuerſale 8. viendra au 4ᵉ terme 12. p. qu'il faudra
prendre de B, vers A, & par où elle ſe terminera com
au point P, ſoit d'eſcrit le cercle PQRS, ainſi qu'il a
cy deſſus eſté enſeigné, & la tranſuerſale homogene
par le moyen d'iceluy, comme au 4. Probleme precedent

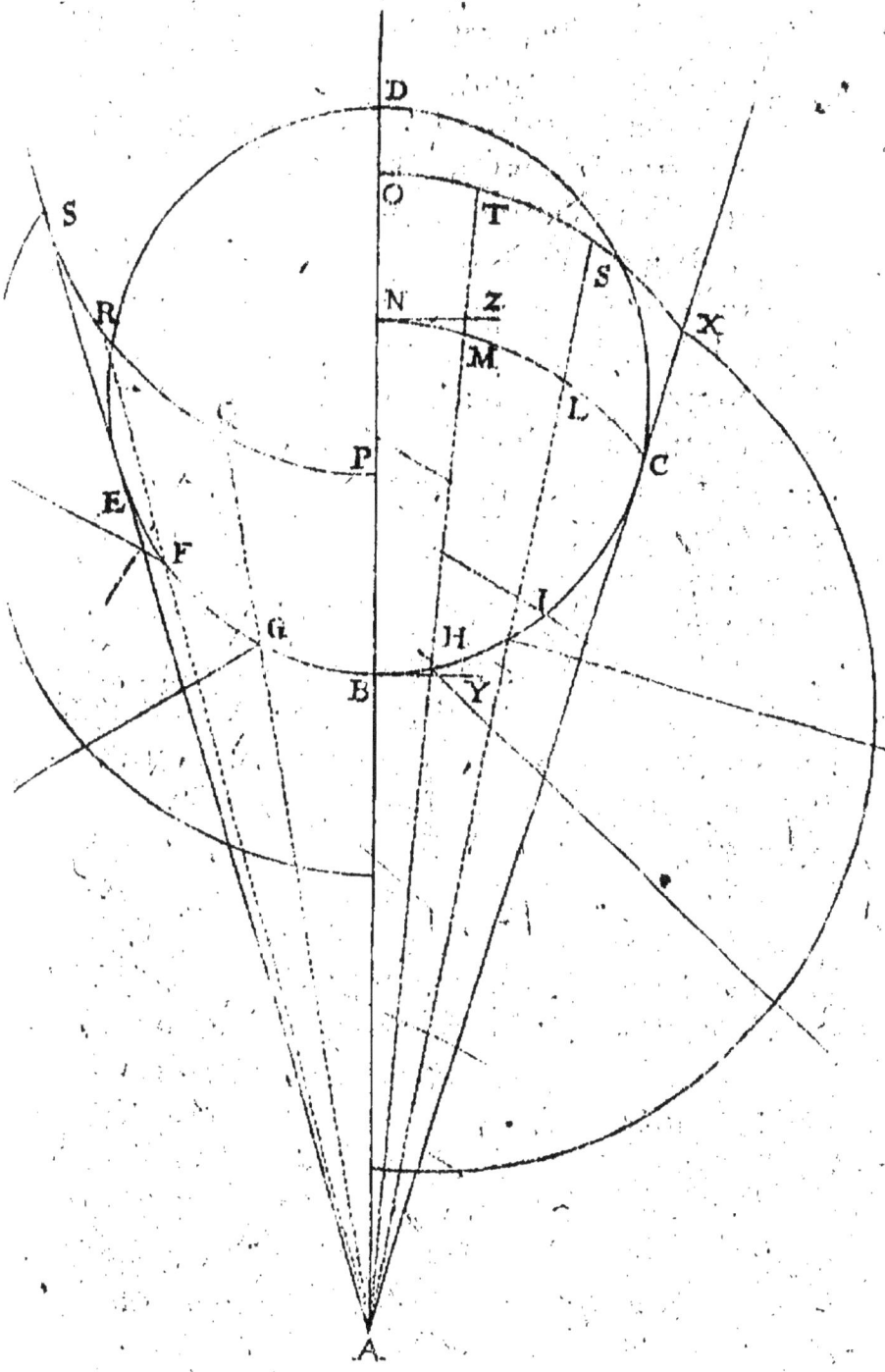

Auec le Compas de Proportion.

La grandeur du cercle defcrit au plan paſſant par le point P, ſera trouué, ſuppoſant les parties ainſi comme deſſus : Sçauoir prenant auec le compas comme 60. parties egales ſur le compas de proportion, & partant icelles à l'ouuerture de 54. parties egales, le compas demeurant ainſi ouuert, la grandeur de l'ouuerture de 18. parties donnera 20. parties egales pour la grandeur du ſemidiametre.

On trouuera autrement ce ſemidiametre en poſant la grandeur du ſemidiametre du cercle en la baſe en ligne ſur 54. p. qui eſt AB, car l'ouuerture donnera la grandeur de la ligne ſeruant de ſemidiametre demandé.

Pour le point de la diſtance de la tranſuerſale au point B, comme P, il ſera trouué en poſant 54. parties à l'ouuerture de 36. p. difference entre la hauteur de l'œil & tranſuerſale, & l'ouuerture de 8. parties hauteur de la tranſuerſale donnera 12. p. comme deſſus pour B P.

Ou bien poſant la diſtance AB, l'ouuerture de 36. p. & l'ouuerture de 8. parties donnera BP.

Finalement pour faire l'apparence concaue; apres auoir deſcrit le cercle de la concauité CN, ſoit pris le point O, & trouué, comme cy-deſſus a eſté enſeigné le ſemidiametre du cercle, duquel OX, eſt vn des arcs, lequel eſtant fait ſemblable à CN, il ſera diuiſé en autant de parties qu'iceluy, & le reſte paracheué ainſi qu'il a eſté dit de l'apparence concaue. L'arc OX, ſera fait ſemblable à NC, ſi du centre du cercle NC, on tire deux lignes, & qu'on face vn angle au centre du cercle, dont OX, eſt vne portion, & ſur le diametre BD, vn angle egal à celuy qu'elles font.

Auec le Compas de proportion.

Ou bien auec le compas de proportion portant la grandeur de NC, à l'ouuerture des parties egales du diametre du cercle N C; car l'ouuerture des parties egales du diametre du cercle O X, donnera OX.

Pour le miroir cilindriq; concaue, les mesmes constructions cy dessus faites auront lieu; c'est pourquoy nous ne les repeterons.

Or afin de ne laisser rien d'imparfaict, faut dire en quelle façon on cognoistra par le moyen du diametre ou semidiametre de la base diuisé en parties egales, combien toutes les autres parties de la figure, ou des choses proposées contiennent: cela se fait en deux façons, de mesme que les choses peuuent estre proposées en deux sortes; sçauoir en grandeur & position, ou en grandeur seulement: en grandeur & position, comme la figure proposée, le plan, le cilindre & toutes les choses qui ne sont supposées, & qui n'excedent ce qui est donné : en grandeur seulemét comme la distance & hauteur de l'œil, lesquelles quelquefois excedent le plan proposé, & partant sont seulement donnez en grandeur & non en position.

Les parties des choses proposées en grandeur & position seront trouuées, si on prend la grandeur du semidiametre ou diametre, & qu'elle soit portée tant de fois sur icelle que l'on pourra, & le nombre des fois multiplié par le nombre des parties du diametre, s'il a esté mesuré auec le diametre, & le produit seront les parties requises : si la grandeur du diametre ne s'y rencontroit exactemét; mais qu'il restast quelques parties, on portera icelle sur le diametre ou eschelle, afin de voir combien ce reste est de parties qu'il faudra adiouster au produit.

Que si l'vne des choses proposées estoit donnée en grandeur seulement comme la distance de l'œil de deux pieds 6. pouces, & qu'õ voulust sçauoir cõbiẽ elle seroit de parties au respect du diametre diuisé, par exemple en 36. p. faut en premier lieu sçauoir quelle partie du pied est le diametre, comme soit supposé 3. pouces, on fera vne regle de 3. disant, si 3. pouces donnent 36. p. combien 2. pieds 6. pouces donnera 360. p. pour les parties requises, & ainsi des autres. •

Theoreme. 5.

Si vn plan touche vn cône, le commun attouchement sera vne ligne droite, & vn des costez du cône.

Theoreme. 6.

Si vn cône est coupé par vn plan passant par l'axe d'iceluy, ce plan coupant tombera perpendiculaire sur la base du cône; & fera en la superficie d'iceluy vn triangle Issocelle, duquel les deux costez egaux sont deux des costés du cône.

Theoreme. 7.

La commune section du plan touchant le cône, & la base d'iceluy est vne ligne droite touchante la circonference du cercle de la base, laquelle est perpendiculaire au costé du cilindre fait par l'attouchement du plan auec le cône.

Theoreme. 8.

Si deux plans s'entrecoupẽt à angles droits,

& qu'en l'vn d'iceux foit vne ligne droite perpendiculaire fur la ligne de la commune fection ; icelle fera auffi perpendiculaire fur
l'autre plan.

Theoreme. 9.

Au miroir coniq; côuexe, fi l'œil eft pofé en
l'axé le point d'incidence de quelq; point que
ce foit de ceux qui font au plan de la bafe d'i-
celuy, ou en vn qui luy foit parallele eft con-
ftitué dans le cofté du cilindre, lequel paffe par
l'interfection de la ligne droite tiree du centre
de la bafe du cône par le point obiecté, auec
la circonference de la bafe, ou par l'interfection de la ligne tiree du centre d'vn cercle
décrit au plan de l'obiect parallel à celuy de la
bafe, comme fi le cône eftok continué par le
mefme point obiecté & la circonference de
ce mefme cercle.

Soit vn miroir conique O, L, H, F, B, duquel le
plan de fa bafe foit O, N, L, I, H, G, F, dans lequel il y
aye vn point G; Ie dis que l'œil eftant au point A en
l'axe du cône, le point d'incidence fait par la ligne
prouenante du point G, fera fur le cofté B F, tiré de
l'interfection F, de la ligne NG, auec le cercle L, H, F.
    Que cela foit, il eft euident ; car foit le point d'in-
cidence E, & par icéluy mené le cofté B E, lequel fera le commun attouchement du plan E, P, Q, auec
le cône LHFB, & la ligne d'incidence GE, celle de
reflexion E A, lefquelles font en vn plan perpendicu-

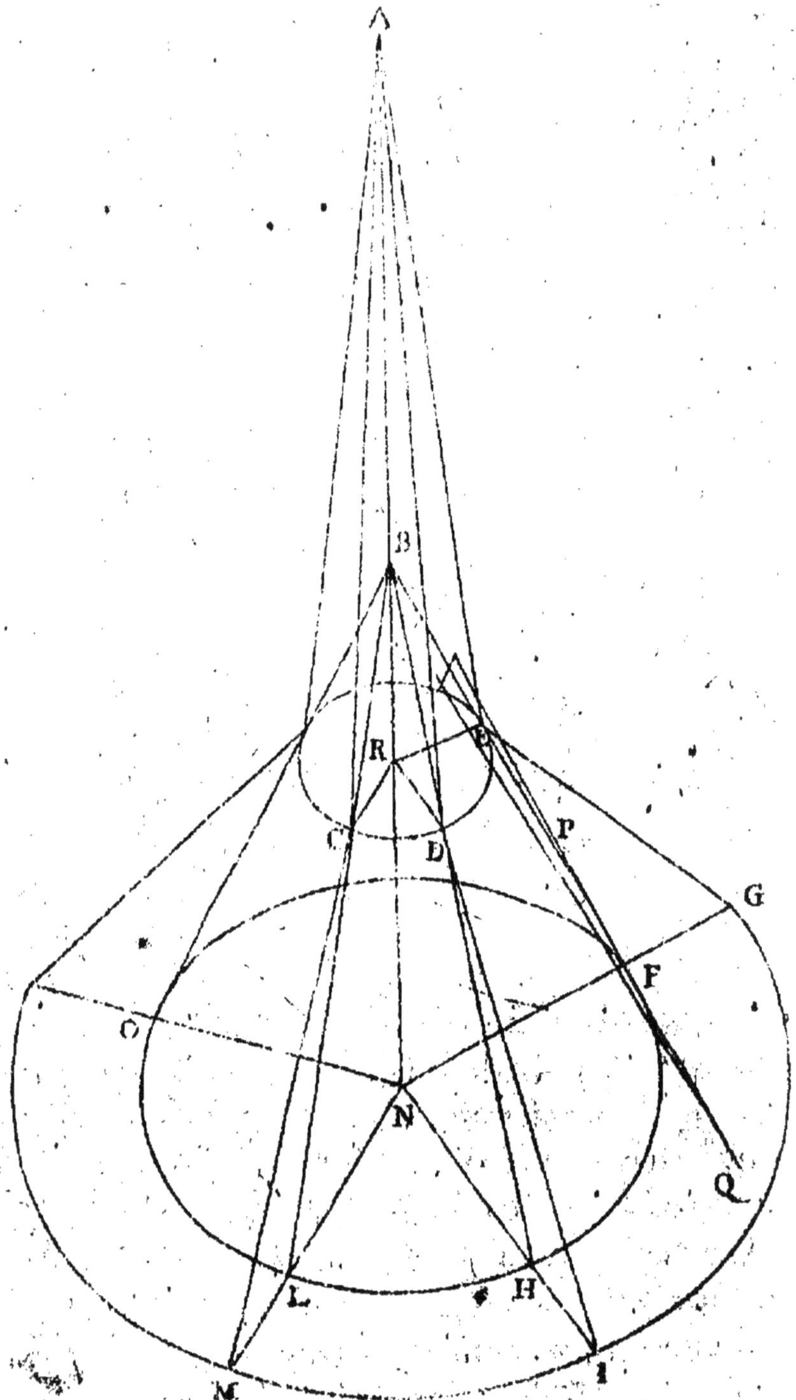
B
R
E
C
D
P
G
F
O
N
Q
L
H
M
I

laire à E P Q, aiant auec le mesme E P Q, la ligne B
E F, pour commune section. Cela fait soient tirées
N F, G F : or pour autant que le plan A B E F G, est
perpendiculaire au plan E P Q, & que Q F, touchant
le cercle tombe à angles droits sur B F, leur commune
section, elle tombera aussi perpendiculaire sur la ligne F G : En apres Q F, commune section du plan
E P Q, touchant le cône, & de la base d'iceluy tombe
perpendiculairement sur N F ; mais N F & F G, sont
dans vn mesme plan, sçauoir celuy de la base du cône,
& elles sont tirées du point F, extremité de Q F, en
parties contraires, faisant auec iceluy deux angles
droits. Donc les lignes N F, F G, sont vne mesme;
& partant le point E, fait son incidence en G, sur l'vn
des costez du cône B F, passant par l'intersection de
la ligne droite G N, auec le cercle de la base.

On demonstrera la mesme chose lorsque le point
donné pour object sera dans vn plan parallel à la base
du cône, si on conçoit que ce plan est vne nouuelle
base le cône estant continué.

COROLLAIRE. I.

De ce qui vient d'estre dit, on peut conclure que
toutes les lignes droictes tirées du centre de la base
au mesme plan d'icelle, font leur incidence sur l'vn
des costez du cône, lequel est celuy qui est tiré par
l'intersection de ceste mesme ligne & la circonferéce
de la base.

COROLLAIRE. 2.

De cecy est manifeste aussi que les lignes de reflexió
d'incidence, le costé du cône sur lequel est faite l'incidence, comme aussi l'axe & la ligne menée du centre
de la base par le point obiecté, sont en vn mesme plan;
c'est pourquoy les angles de reflexion & d'incidence

H

faict par tous les points egalement distans du centre,
de la base sont tous egaux entr'eux; à cause que de
deux points en vn mesme plã & de mesme part d'vne
lignedroicte estant aussi en iceluy, on ne peut mener plus de deux lignes droites, vne de chacun point
se rencontrant en vn point sur la ligne, faisant angles
egaux auec icelle.

Theoreme. 10.

Au miroir conique l'œil estant posé en
l'axe, l'apparence d'vn cercle estant au plan
de la base, ou en vn qui luy soit parallel, aiant
son centre en la mesme axe, est aussi vn cercle
parallel à la base du cône.

Soit le cercle MIG, aiant son centre N, dans l'axe
du cône commun auec celuy de la base, duquel
cercle l'apparence sur la superficie du miroir soit
CDE; Ie dis que CDE, est vn cercle parallele à la
base du cône, aiant son centre en l'axe.

Car aiant tiré les lignes d'incidences GE, ID, MC,
& celles de reflexion EA, DA, CA, pareillement les
costez du cône FEB, HDB, LCD, comme aussi les
semidiametres NG, NI, NM. Il est euident en premier lieu que les lignes FG, HI, LM sont egales;
secondement que les angles GEF, IDH, MCL
estans egaux entr'-eux, comme aussi FGE, HID,
LMC, & les costez FG, HI, LM, egaux entr'-eux,
les lignes EF, DH, CL, seront aussi egales entr'-elles,
lesquels ostez chacune du costé duquel elles sont parties resteront BE, BD, BC, egales. Maintenant tirant ER, perpendiculaire sur l'axe du cône, & du
mesme point R, les lignes droites RD, RC, les

trois triangles B E R , B D R , B C R auront chacun
deux coftez egaux à deux coftez, fçauoir BE, BD, BC
egaux, & B R commun, l'angle contenu d'iceux
egal à l'angle. Ils auront donc les bafes egales aux
bafes, fçauoir R E, R D, R Q, en la mefme façon on
prouuera que toutes les lignes tirées de R, feront egales & en vn mefme plan, à caufe qu'elles font perpendiculaires à la ligne B R, & partant par la 15. deff. du
premier d'Euclide C D E, fera la circonference d'vn
cercle.

La mefme demonftration aura lieu, encore que le
cercle ne foit dans le plan de la bafe du cône, mais en
vn parallel, pourueu neâtmoins qu'il aye fon centre
en l'axe, & n'y a autre chofe qu'à repeter les veftiges
d'icelle.

Probleme 10.

Eftant donné vn miroir cônique conuexe, & vn plan lequel doit eftre joint à fa
bafe ou parallel à icelle; defcrire fur iceluy les
lignes, defquelles les apparences foient mefmes que les coftés du cône.

Ce Probleme fera facilement refolu fi du point
en ce plan propofé, lequel doit fe rencontrer en l'axe
du cône lors qu'il fera pofé fur iceluy, on tire tant de
lignes droites qu'on voudra; car icelles donneront
les requis.

Si on veut que ces lignes donnent leurs apparences
fur des coftés du miroir cônique qui foient egalement diftans entr'-eux, faut décrire de ce point qui
eft au plan comme cétre vn cercle de la grandeur de

celuy qui fert de bafe au cône, ou de quelque autre grandeur indifferente, & diuifer fa circonference en tant de parties egales qu'on voudra, titant de ce mef-me point par chacun de ceux des diuifions des femi-diametres, lefquels prolongez fatisferont à ce qui eft demandé.

Que ces lignes faffent cet effect, il eft euident par le 9. Theoreme precedent : car puifque quelconque points eftant en vne fuperficie pleine, mefme que la bafe du miroir cônique fait fon incidence au cofté lequel eft tiré de l'interfection de la circonference de la bafe auec la ligne menée du centre d'icelle par le mefme point; il s'enfuit que quelque ligne eftant me-née du centre, toutes les parties d'icelles feront leur incidence fur le cofté, afin de reflechir à l'œil confti-tué en l'axe du miroir.

La mefme chofe s'enfuit, lors que le plan auquel font les lignes, eft feulement parallele à la bafe du mi-roir, & que le centre du cercle defcrit en iceluy eft en l'axe du miroir, ainfi qu'il eft montré au 9. Theo-reme precedent.

Probleme II.

Eftant donné vn miroir cônique, & vn plan ; defcrire en ce plan vn cercle duquel l'apparēce foit veuë paffer par vn point pro-pofé en la fuperficie du miroir, lors que l'œil fera pofé en l'axe, à vne diftance propofée, & ce plan joint auec la bafe du miroir le centre du cercle eftant en l'axe.

Soit le plan propofé B, O, Q, R, S, &c. & il faut faire le requis, foit fur ce plan tirée de la ligne

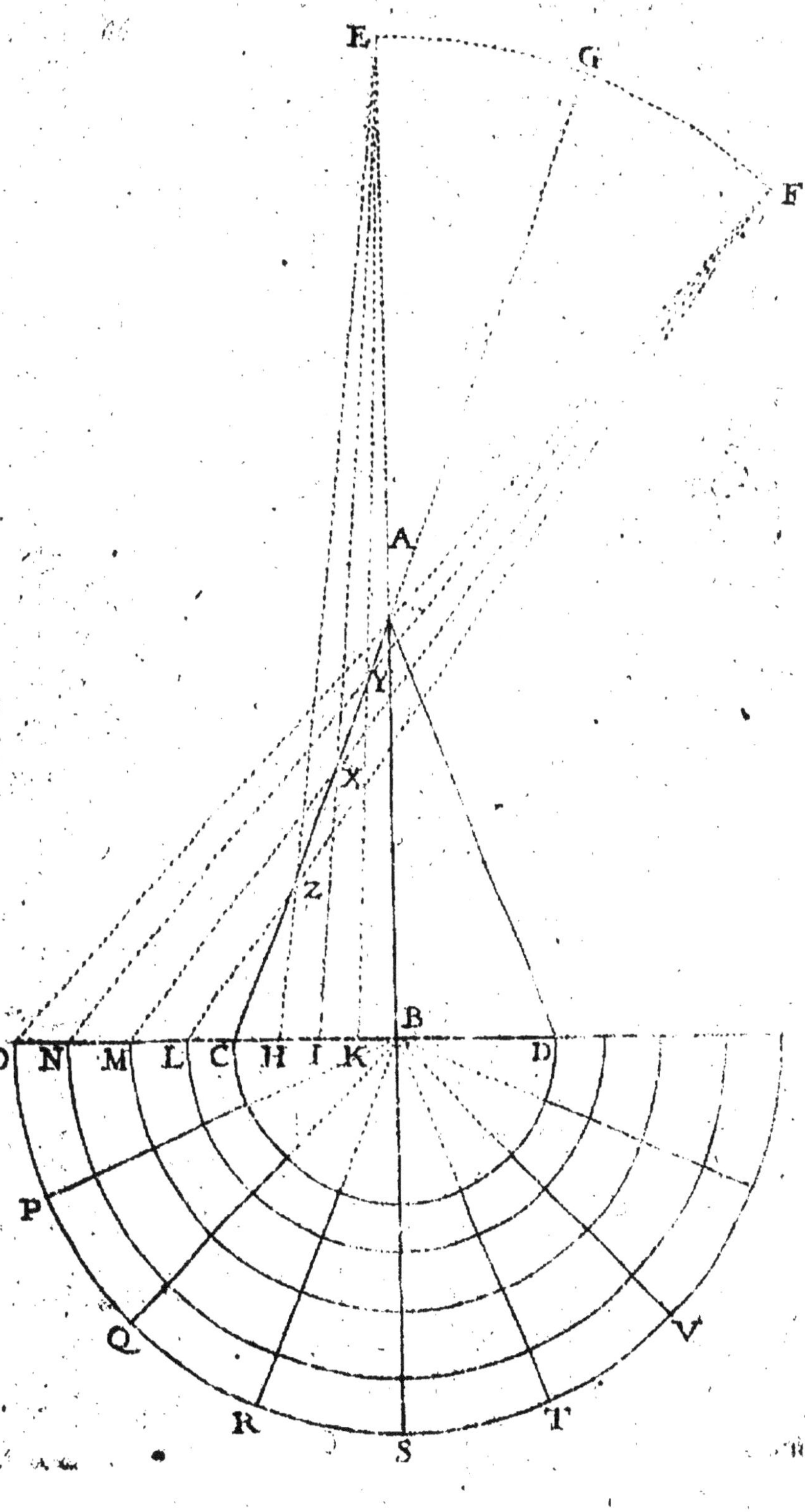
E
G
F
A
Y
X
Z
B
O
N
M
L
C
H
I
K
D
P
Q
R
S
T
V

O B D ; tant grande qu'on voudra, fur laquelle on
defcrira le triangle A C D, conceu eftre fait lors que
le cône duquel la fuperficie eft le miroir propofé, feroit coupée par vn plan paffât par fon axe; c'eft pourquoy C A, A D, reprefenteront deux des coftez du
mefme cône, fur l'vn defquels A C, le point X, reprefente celuy par lequel doiue paffer l'apparence du
cercle requis. Et l'œil foit E, en l'axe fuppofé E A B:
cela fait foit tirée la ligne E X I ; puis du point A,
comme centre & de l'interuale A E, foit defcrit l'arc
de cercle E G F, coupant en G, le cofté C A, prolongé, lors faifant G F, egal à E G, & menant la ligne
droite F X, coupant O B D, en M, le femi-diametre
du cercle requis fera B M; pourquoy fi du point B, &
interuale B M, on defcrit vn cercle, iceluy fera felon
la condition propofée.

Cela eft euident, pource que l'incidence du point
M, au miroir fera faite en vn point femblable à X,
& par confequent tout l'apparence du cercle paffant
par le mefme point parallele à la bafe du cône, comme il eft demontré au 10. Theoreme precedent: car
l'angle d'incidence M X C, eft egal à celuy de reflé-
xion E X A ; d'autant que pour la conftruction l'angle G X E, eft egal à l'angle G X F. Or l'angle
G X F, eft egal à l'angle M X C; donc l'angle d'incidence M X C, eft egal à l'angle de reflexió E X G.
Partant, &c.

Probleme 12.

Eftant donné vn miroir conique conuexe,
la diftance de l'œil pofé en l'axe, depuis le
centre de la bafe, vne figure pour obiect laquelle foit en vn plan, auec vn autre plan ; def-

crire fur ce plan vn autre object , duquel l'apparence foit femblable à l'object propofé.

Pour fatisfaire au requis , il faut fe fouuenir de
ce qui a efté dit du cilindre, que pour defcrire cet object au plan propofé, à caufe de fa difformité, il falloit diftinguer les parties de l'object propofé, auquel
on veut que l'apparence foit femblable, par le moien
de certaines lignes qui font des quadrangles , afin
d'aider la veuë & induftrie de celuy qui traffe celle
qui eft requife. Ce qui eft d'autant plus neceffaire en
ce lieu pour le cône, à caufe que les parties les plus
eftendues en la figure à defcrire fe raffemblent en vn
point au fommet du cône, & les autres à proportion
ainfi qu'elles en font reculées. Donc on defcrira en
premier lieu vn cercle à l'entour de l'object ou figure
donnée, fi auparauant elle n'eftoit de cette forme, à

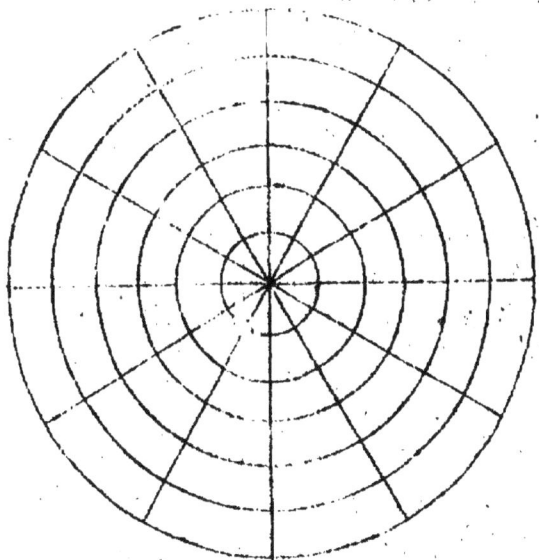

caufe que l'apparence demandée doit pareſtre ainſi
que ſi elle eſtoit dãs la baſe du cône qui eſt circulaire:
En apres ce cercle ſera diuiſée en autant de parties
egales qu'on voudra, le plus grand nombre ſera le
meilleur : puis à chacune de ces diuiſions ſeront menées des lignes du centre du premier cercle. Cela fait
l'vne de ces lignes ſera diuiſee en autant de parties
que la figure pour le permettre, par chacune deſquelles diuiſions du centre du premier cercle, on deſcrira
d'autres cercles, & par ce moien la figure propoſée
ſera diuiſee en figures quadrangulaires & triangulai-
res vers le centre, & preparée pour eſtre deſcrite en
autre forme ſur le plan propoſé, ainſi que la figure
le montre.

Quand ces choſes ſeront ainſi preparées, faut
au plan propoſé deſcrire des lignes deſquelles l'apparence repreſente en la ſuperficie du miroir conique
vne figure ſemblable à celle qui eſt faite des lignes
cy-deuant dites : ce qui ſera facile, ſi on remet en me-
moire que les objects veus ſoubs des rayons droits,
appareſſent ſemblables & egaux aux apparences
venës ſoubs les rayons reflechis, lors que les piramides des viſions ſont ſemblables : c'eſt pourquoy ſi
l'on conçoit la figure desja diuiſée eſtre la baſe du
cône, ou bien que la baſe du cône, duquel la ſuperficie eſt le miroir propoſé, ſoit diuiſée en la meſme
façon, & que du point de l'œil en l'axe on tire des
rayons, qui paſſant la ſuperficie ſe terminent tant
aux circonferences des cercles, que ſemidiametres
menés en la diuiſion de l'object ou figure propoſée,
où icelles couperont la ſuperficie du miroir, elles
termineront les points d'incidence, auſquels tombe-
ront les apparences de ce qui eſt requis : Et les points
deſquels

deʃquels ʃeront cauʃées ces incidences ʃont ceux,
qui ʃont aux lighes neceʃʃaires à deʃcrire au plan propoʃé. Leʃquelles par les 9. & 10. Theoremes precedens, ʃeront ou demi-diametres prolongez, ou cercles, deʃquels les demi diametres ʃont egaux à la ligne
droite tirée du centre de la baʃe, iuʃques au point au
plan de la meʃme baʃe, lequel fait ʃon incidence, où
la ligne tirée du point de l'œil par celuy qu'il repre-
ʃente en la baʃe du cône, coupe la ʃuperficie du miroir; partant la deʃcription de ces lignes depend des
deux Problemes precedens, l'vn pour deʃcrire les
lignes deʃquelles les apparences ʃoient les coʃtés du
cône, ou pour mieux dire les ʃemi-diametres de la
baʃe; l'autre pour les cercles qui pareʃʃent parallelz
en la ʃuperficie du miroir. Pour les lignes deʃquelles
les apparences ʃont ʃur les coʃtés du cône, elles ʃeront
traʃʃées en deʃcriuant vn cercle de la grandeur de la
baʃe du cône, & diuiʃant iceluy en autant de parties
que le cercle deʃcrit autour de l'objeƈt ou figure propoʃee a eʃté diuiʃé, en tirant des ʃemi-diametres prolongez, comme la figure ʃuiuante le demoutre par
B O, B P, B Q, B R, B S, B F, BV, qui ʃont ʃeule-
ment ceux d'vne moitié, afin de n'embroüiller la figure.

Les cercles en la ʃuperficie du miroir cônique,
leʃquels repreʃentent les cercles parallels deʃcrits en
l'objeƈt ou figure propoʃee, eʃtant cauʃés par l'incidence de la circonference des cercles deʃcrits au plan
propoʃé, ayans leurs centres en l'axe du cône, ʃeront
deʃcrits en ce meʃme plan, ʃi ʃur O B D, on fait le
triangle C A D, ʃemblable ou egal à celuy qui eʃt fait
par vn plan coupant le miroir cilindriǩue par l'axe;
tirant du point B, milieu de la baʃe la ligne B A E, re-

I

p. 61 : 66.

preſentant l'axe, en laquelle le point E, repreſente celuy de l'œil ; En apres ſoit diuiſé C B, l'vn des ſemidiametre, du cercle deſcrit autour de la figure qui eſt propoſée, comme en cet exemple aux points H, I, K, par leſquels du point E, on tirera les lignes E K, E I, E H, coupant le coſté ſuppoſé du cône C A, aux points Y, X, Z. Cela fait du point A, comme centre eſtant deſcrit vn arc de cercle E G F, coupant E A, prolongé en G, & fait G F, egal à E G : puis du point F, tirant les lignes F A, F Y, F X, F Z, coupant O B, en O, N, M, L, les demidiametres des cercles deſquels les apparences paſſeront par les points Z, X, Y, ſeront B L, B M, B N, & pour le demi-diametre B O, c'eſt celuy du cercle duquel toute l'apparence eſt terminée au point A, ſommet du cône ; partant ſi tous ces cercles ſont deſcrits chacun d'iceux auec les ſemi-diametres formeront des figures, deſquelles les apparences ſeront veuës, ainſi que ſi c'eſtoit les meſmes diuiſions de la figure propoſée, ainſi qu'il a eſté dit, obſeruant que les plus grandes diuiſions, & les plus reculées de la baſe du cône, donnent les moindres apparences & plus proche du ſommet du cône, c'eſt à dire que ce qui eſt en la circonference du cercle deſcrit par O, eſt veu au point A, ou pluſtoſt au centre de la baſe B, le cercle N, en la circonference d'vn cercle en la ſuperficie du cône paſſant par le point Y, ou pluſtoſt vn cercle deſcrit en la baſe d'iceluy deſcrit par le point K, & ainſi des autres.

Finalement apres qu'on aura expedié cecy, la figure propoſée ſera facile à traſſer ou deſcrire : car imaginant que le centre du cercle deſcrit autour d'icelle, conuient auec la circonference du cercle O P Q, &c. on côſiderera quels quadrilateres faits des

lignes droites & circulaires deuant dites correspon-
dent à ceux qui font faicts de femblables lignes
dans la figure propofee, en accordant tousjours celuy
qui eft proche le centre du cône, auec celuy qui eft
le plus reculé en la figure à defcrire, le deuxieme
auec le deuxieme, & ainfi d'ordre. Alors fi dans chacun de ces efpaces vous defcriuez la portion de la figure propofee, felon la proportion du plan & de vos
efpaces, faifant que ce qui eft tourné vers le centre
B, foit tourné vers le cercle O P, &c. en continuant
la figure requife fera defcrite, au milieu de laquelle
mettant le cône propofé, en forte que le centre de la
bafe foit au point B, & l'œil du regardant en l'axe du
miroir autant diftant du point B, qu'eft E B, l'objeft
defcrit dans le cercle O, P, Q, R, pareftra en la mefme façon que celuy qui eftoit propofé.

S C H O L I E.

Ayant en ce Probleme montré la fabrique de la
figure propre pour le cône connexe, refteroit pour
l'acompliffement de ce traicté à donner la conftruction pour le cône concaue, laquelle differe fort peu
de l'autre, mais à caufe qu'elle eft inutile pour la difficulté de l'objecter au miroir, d'autant qu'elle doit
eftre interpofee entre l'œil & le mefme, ie n'en par-
leray en aucune façon, finiffant par quelques apparences & phenomenes du mefme miroir cilindrique
concaue, fuppofant l'objeft eftre vn point: ce qui aura auffi lieu en tout autre obieft; mais c'eft afin de les
traiter en moins de difcours.

I.

L'objeft & l'œil eftant en l'axe l'apparence fera

veuë comme vn cercle parallele à la base du cône.

2.

Si le cône est obtus-angle, on ne pourra voir que cette apparence : Mais estant rectangle, outre icelle on en verra vne dans l'angle du sommet ; & finalement estant aigu-angle, on en verra plusieurs par vne multiplication des reflexions de l'espece de l'object, lesquelles seront aussi cercles parallelz à la base du mesme miroir conique.

3.

Si l'œil estant en l'axe & l'object ailleurs, l'espece ou apparence de l'object sera veuë sur les deux costez du cône faits par la commune section du plan passant par l'axe, & par le point de l'object auec la superficie du cône, l'object estant entre la superficie du mesme cône, sinon sur l'vn des costez seulement, lequel est opposé à l'object : outre ces apparences on en peut voir plusieurs par la multiplicité des reflexions.

4

Les mesmes choses aduiendront, l'object estant en l'axe & l'œil dehors.

5.

Si l'œil & l'object sont en la superficie du cône, il paroistra deux especes de l'object ; & plusieurs par la multiplication des reflexions disposées en forme de spirale.

6.

Si l'œil & l'object sont hors la superficie du miroir conique, ou l'vn d'iceux seulement, il n'y aura qu'vne seule espece de l'object, mais plusieurs par la multiplication des reflexions, desquelles le nombre sera quelquefois plus grand, autrefois moindre, ſelon la variation des ſcituations de l'œil & de l'obje&t, comme auſſi de la grandeur de l'angle du ſommet du cône, &c.

Nous reſeruerons à demontrer en temps plus oportun les affe&tions de ces apparences, comme auſſi des limites de leur nombre ; afin de n'eſtre veu ennuyeux.

FIN.

www.ingramcontent.com/pod-product-compliance
Lightning Source LLC
Chambersburg PA
CBHW071239200326
41521CB00009B/1548